contents

一目繡

《《 一目繡 》》

一邊用一個針目來表現的
「一目繡」。
每次拉線之後
圖案就會浮現出來。

1

〈 十字圖案小布巾 〉

只需在縱向和橫向進行刺繡就能完成的十字圖案。
在中央和兩端,把十字的間隔加以改變來做出特色。
小尺寸的布巾,除了容易縫製之外更是方便好用。
附有詳細的步驟圖解,不妨先從這裡開始吧。

飯鍋、飯勺／cotogoto（コトゴト）

作法（附有步驟圖解）╳第34頁

設計／AYUFISH int.
線／OLYMPUS製絲 刺子繡線〈細〉
布／OLYMPUS製絲 一目刺子繡用 附標記漂白棉紗布

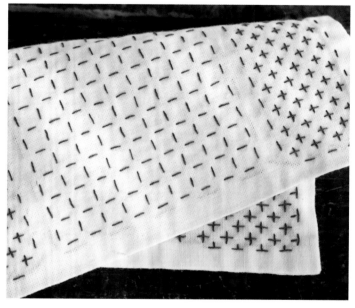

背面也很美觀。

2

〈 花朵圖案布巾 〉

只需在縱、橫及斜向進行刺繡，
花朵圖案就會浮現出來。
若是使用附標記漂白棉紗布的話，
就可省下做記號的工夫直接開始刺繡。

作法✕第52頁

設計／西村明子
線／OLYMPUS製絲 刺子繡線
布／OLYMPUS製絲 一目刺子繡用 附標記漂白棉紗布

背面是星星的圖案。

置物籃／cotogoto（コトゴト）

作法╳第53頁

設計／西村明子
線／OLYMPUS製絲 刺子繡線

3

〈 花朵圖案化妝包 〉

把no.2的花朵圖案繡成一排作為裝飾的化妝包。
除了化妝品之外，當作筆袋的話尺寸也剛好。

5

4

〈 雙 配 色 針 插 〉

配色相當可愛的針插。
由於刺繡範圍很小，因此可以放心一試。
當作禮物肯定會大受喜愛！

作法╳第54頁

設計／守岡麻子
線／OLYMPUS製絲 刺子繡線〈細〉
布／OLYMPUS製絲 漂白棉紗布
木碗／OLYMPUS製絲

〈 印鑑盒 〉

色彩搭配令人眼睛一亮的漂亮印鑑盒。
正因為是小東西，所以很適合玩弄色彩。

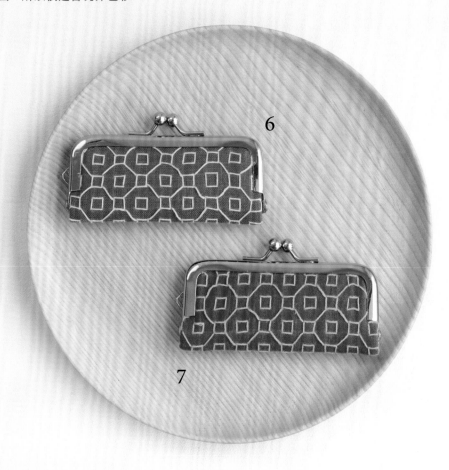

6

7

內側的布料顏色也很講究。

作法╳第56頁

設計／守岡麻子
線／ OLYMPUS 製絲 刺子繡線〈細〉
口金／角田商店

〈 一目繡樣本布巾 〉

9種花樣整齊排列的一目繡樣本布巾。
磁磚般的花紋、花和鳥、動物圖案等等,
連外觀都充滿趣味的一件作品。

8

作法╳第40頁

設計／OLYMPUS製絲企劃室
線／OLYMPUS製絲 刺子繡線〈細〉
布／OLYMPUS製絲 一目刺子繡用
　　附標記漂白棉紗布

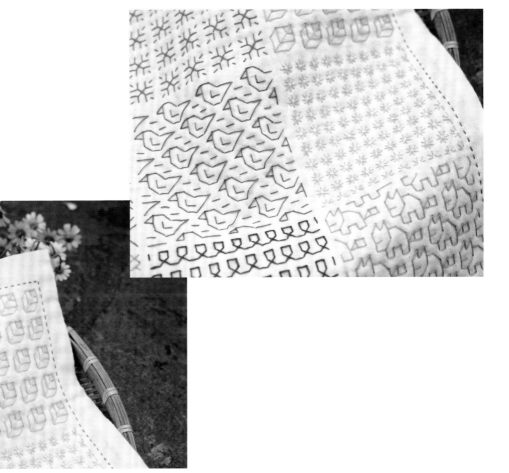

〈 幾何圖案布巾 〉

由柿子葉花紋變化而來的幾何圖案布巾。
絕妙的均衡配色非常引人注目。
要小心仔細地慢慢刺繡。

9

作法╳第44頁

設計／AYUFISH int.
線／OLYMPUS製絲 刺子繡線〈細〉
布／OLYMPUS製絲 一目刺子繡用 附標記漂白棉紗布

〈 花和樹圖案隨身鏡 〉

由花和樹的圖案排列而成、
讓人忍不住想炫燿展示的可愛設計。
大小是可快速收入化妝包或手提袋的小巧尺寸。

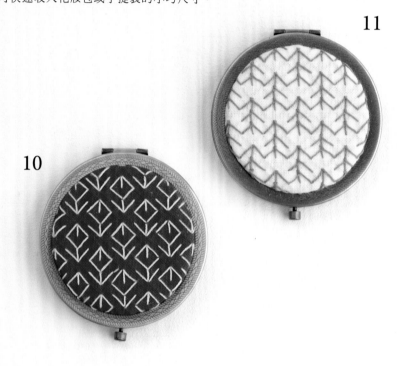

11

10

作法✕第58頁

設計／OLYMPUS製絲企劃室
線／OLYMPUS製絲 刺子繡線〈細〉
布／OLYMPUS製絲 一目刺子繡用 附標記漂白棉紗布
隨身鏡／OLYMPUS製絲

12

〈 蝴 蝶 結 圖 案 小 手 帕 〉

蝴蝶結圖案整齊排列的可愛小手帕。
非對稱的配色也是設計的一大重點。

作法╳第60頁

設計／ちるぼる
線／OLYMPUS製絲 刺子繡線〈細〉
布／OLYMPUS製絲 手帕用布

〈 胸針和包鈕 〉

把鋸齒紋和小花圖案刺繡在胸針和包鈕上。
要用細線來繡，
才能把細小圖案的精緻感呈現出來。

作法╳13　第62頁
　　　14、15　第63頁

設計／守岡麻子
線／OLYMPUS製絲 刺子繡線〈細〉
13包鈕胸針組／CLOVER
14、15鈕扣／OLYMPUS製絲 方形包鈕

16

〈 折疊式小物收納袋 〉

以粉紅和綠色的搭配來展現
優雅印象的折疊式小物收納袋。
能夠整齊收納護照和機票等等,
非常適合旅行使用。

用2種圖案來營造
時尚氛圍。

在長方形的本體上做完刺子繡之後折疊起來,
把4個位置縫合固定就完成了。

作法╳第49頁

設計／AYUFISH int.
線／OLYMPUS製絲 刺子繡線〈細〉

〈 變形花十字圖案面紙盒套 〉

為充滿生活感的面紙盒加上漂亮的套子吧。
只要把整面繡滿變形花十字圖案的方形布巾，
像摺紙一樣折疊縫好就行，作法非常簡單。

作法╳第64頁

設計／hako 吉村葉子
線／OLYMPUS製絲 刺子繡線

附掛耳，所以也能吊掛著使用。

背面的圖案也很美麗。

17

〈 三角圖案餐墊 & 杯墊 〉

直線排列的三角圖案刺繡就像北歐的紡織品般充滿新鮮感！
最適合妝點清爽早晨餐桌的餐墊 & 杯墊。

作法╳第66頁

設計／hako 吉村葉子
線／OLYMPUS製絲 刺子繡線

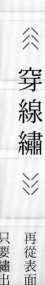

穿線繡

只要繡出基礎,後續的修飾其實比想像的更加快速。

把基礎繡好之後,再從表面用線穿梭而成的「穿線繡」。

20

〈 十字穿線繡布巾 〉

把基礎的十字繡好之後,再進行穿線繡,
做出有如圓點花樣整齊排列的設計。
由於整面都做了刺繡,因此成品的質地會變得更加厚實。

作法╳第46頁

作法╳第46頁

設計／ちるぼる
線／OLYMPUS製絲 刺子繡線〈細〉
布／OLYMPUS製絲 一目刺子繡用 附標記漂白棉紗布

18

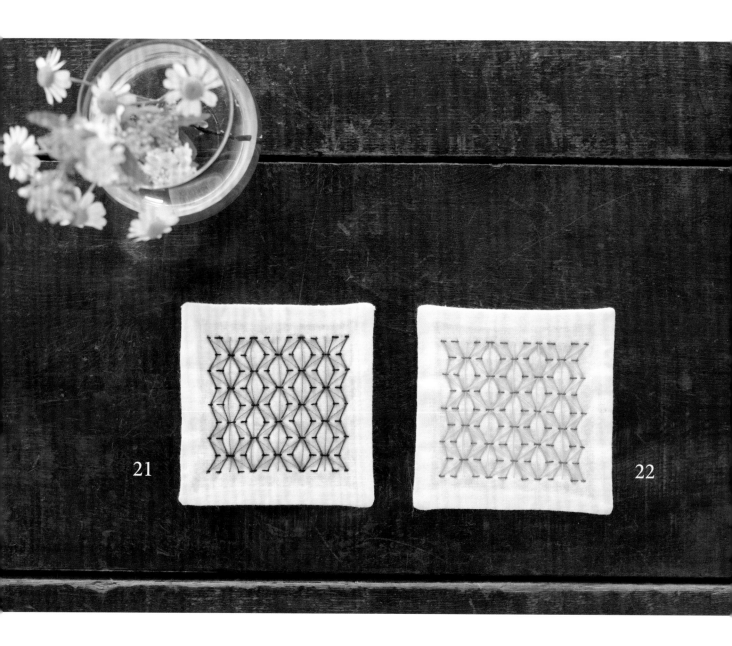

21 22

〈 鑽石紋杯墊 〉

由同色系的3色搭配而成的
美麗鑽石紋杯墊。
這款設計充分展現出細線特有的纖細美感。

作法×第43頁

設計／OLYMPUS製絲企劃室
線／OLYMPUS製絲 刺子繡線〈細〉
布／OLYMPUS製絲漂白棉紗布

23

作法╳第68頁

設計／西村明子
線／OLYMPUS製絲 刺子繡線〈細〉、刺子繡線
布／OLYMPUS製絲 一目刺子繡用 附標記漂白棉紗布

〈 鋸齒紋卡片盒 〉

乍看之下頗為複雜的花樣，只要用穿線繡就能輕鬆挑戰。
可利用布料的顏色來進行配色，讓圖案更加鮮明突出。

24

〈 鋸齒紋布巾 〉

把 no.23 的圖案直接刺繡在布巾上，
再以夏天的藍色系配色來營造清爽的氛圍。

作法╳第70頁

設計／西村明子
線／OLYMPUS製絲 刺子繡線（細）、刺子繡線
布／OLYMPUS製絲 一目刺子繡用 附標記漂白棉紗布

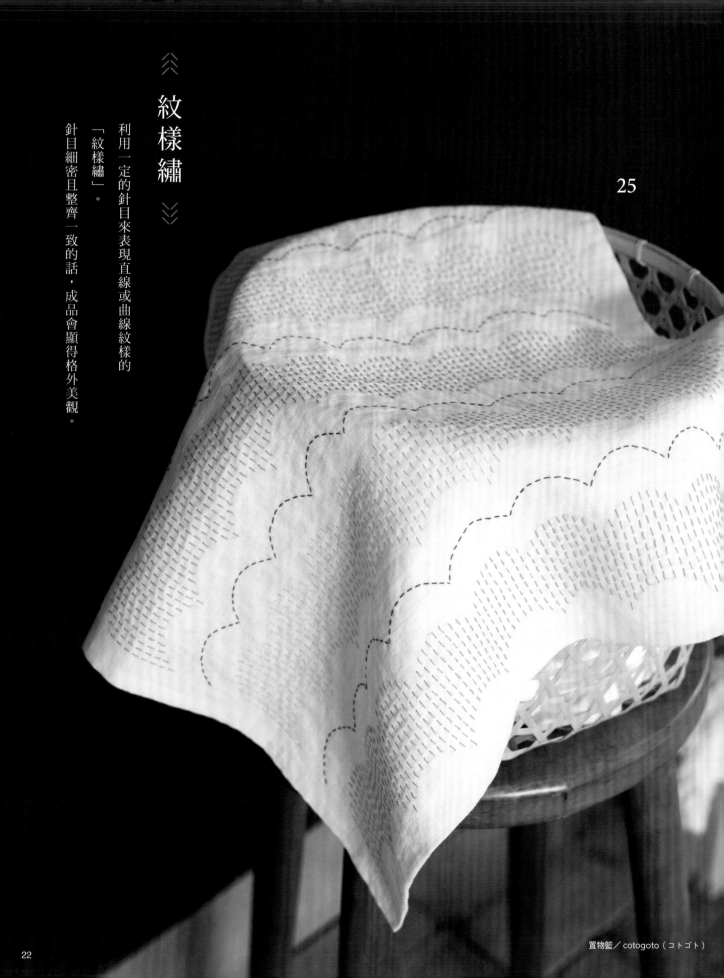

《 紋樣繡 》

利用一定的針目來表現直線或曲線紋樣的「紋樣繡」。

針目細密且整齊一致的話，成品會顯得格外美觀。

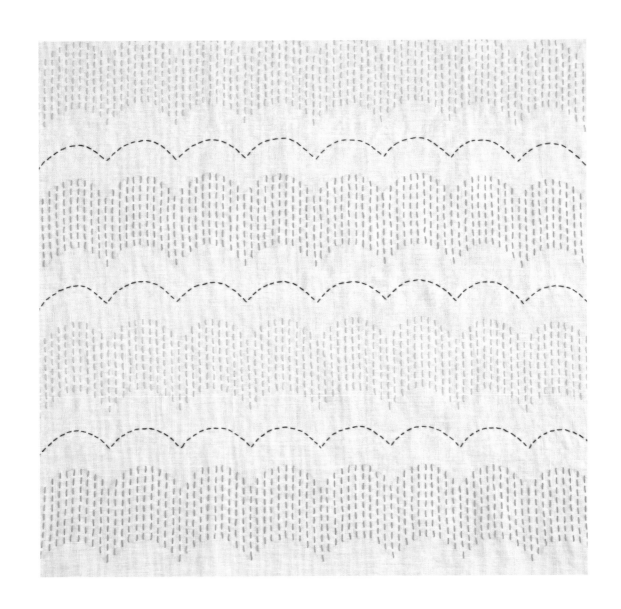

〈 貝 殼 紋 大 桌 巾 〉

大片的貝殼紋讓人耳目一新！
把整塊大桌巾全部繡滿來展現華麗的印象。
可當作置物籃的蓋布，便當包巾……。
因為尺寸夠大，所以想怎麼使用都沒問題。

作法✕第72頁

設計／ AYUFISH int.
線／ OLYMPUS 製絲 刺子繡線〈細〉

〈 麻葉紋提袋 〉

把刺子繡的傳統花紋‧麻葉紋刺繡在提袋的上側，
　大小是剛好可以放入錢包和手機的小巧尺寸。

26

作法✕第74頁

設計／hako吉村葉子
線／OLYMPUS製絲 刺子繡線〈細〉

〈 七寶連環紋束口袋 〉

象徵和平圓滿，充滿吉祥寓意的七寶連環紋。
配合紋樣，把本體的造型也做成圓形。

27

作法╳第76頁

設計／hako 吉村葉子
線／OLYMPUS 製絲 刺子繡線

享受刺繡的樂趣

一針一針繡出花樣……。
刺子繡最吸引人的地方就是連刺繡的動作本身也很耐人尋味。
可隨心所欲地盡情揮灑。

29

30

28

〈 茶壺墊 & 杯墊 〉

充滿溫馨療癒氛圍的茶壺墊 & 杯墊。
不必在意針目，隨性地刺繡即可。

作法×28　第78頁
29、30　第48頁

設計／ちいさな手仕事
線／OLYMPUS製絲 刺子繡線

‹‹‹ 刺子繡的基礎 ›››

✕ 所需材料 ✕

布 製作布巾的時候，建議選用織目較粗的漂白棉紗布。製作小物的情況，則是以針容易穿過、不會太厚且具有張力的平織棉布或亞麻布較為適合。厚布不易穿刺，而薄布除了容易綻開之外，背面的渡線也比較明顯，一定要特別留意。

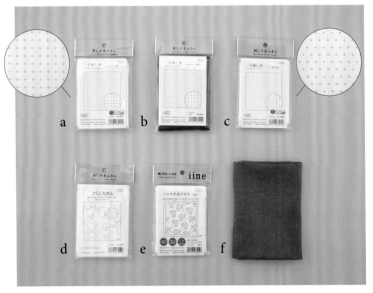

a **OLYMPUS一目刺子繡用 附標記漂白棉紗布**
5mm點陣方格（H-1021）

印有5mm間隔的圓點，非常方便。用水洗過之後，圓點就會消失。

b **OLYMPUS一目刺子繡用 附標記漂白棉紗布**
5mm點陣方格（H-4521／紅）

c **OLYMPUS一目刺子繡用 附標記漂白棉紗布**
點陣斜方格（H-1056）

印有圓點的斜方格，非常方便。用水洗過之後，圓點就會消失。

d **OLYMPUS漂白棉紗布（H-1000）**

已裁剪成布巾一塊份的大小。

e **OLYMPUS手帕用布　素面（G-3）**

3層紗布結構。經抗菌、防臭加工。

f **亞麻布**

厚薄適中容易穿刺。

線 本書使用的是一目繡等精細圖案適用的細型刺子繡線，以及撚度較低的刺子繡線。

a **OLYMPUS刺子繡線〈細〉**

富有光澤，刺繡起來手感輕盈，可繡出細線才能展現的精緻圖案。方便使用的小捲型。

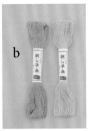

b **OLYMPUS刺子繡線**

包含單色系、漸層色系和混色系等共29色的豐富選擇。

針

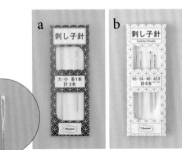

a **OLYMPUS刺子繡針**
b **OLYMPUS刺子繡針**
　（4支入）

使用的是針孔較大、針頭細小的刺子繡專用針。

頂針

刺繡時套在手指上，邊抵住針尾（針孔所在的尾端）邊繡的話，刺繡起來會更容易。

a OLYMPUS附鐵片皮頂針　b頂針

珠針・針插

複印圖案或縫製作品時使用。

剪刀

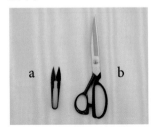

把繡好的線剪斷或是將布料裁剪成指定的大小時都會用到，要準備順手好用的剪刀。

a **線頭剪刀**

由於剪線的機會很多，若有線頭剪刀的話會很方便。

b **裁布剪刀**

把布料裁剪成指定的大小時使用。

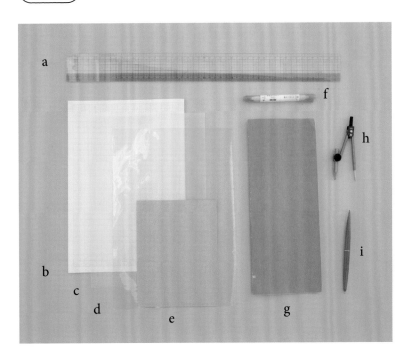

用具	以下介紹的是描繪圖案時所使用的用具。

a 方格尺

描繪引導線、直線花樣或複印圖案時使用。

b 方格紙

描繪圖案時使用。

c 描圖紙或薄紙

從書上把圖案複印下來時使用。

d 玻璃紙

把圖案複印至布上時用來增加滑度，保護圖案。也可以用包裝用的袋子來替代。

e 厚紙板

用來製作描繪曲線花樣時所使用的紙型。

f 水性粉土筆

直接在布上描繪圖案時使用。最好準備用水洗過就會消失的產品。描繪引導線時，使用會自然消失類型或是消去筆的組合產品也很方便。

g 粉土紙（單面型）

把圖案複印至布上時使用。最好準備用水洗過就會消失的產品。

h 圓規

描繪曲線花樣時使用。

i 鐵筆

在玻璃紙上描摹圖案時使用。也可以用墨水乾掉的原子筆來替代。

布料的準備

先做好整布的處理，以便矯正布料的歪斜、消除皺摺，並防止成品在清洗之後縮水。

在布料的背面，用蒸氣熨斗和經紗及緯紗呈垂直的角度以低溫燙平。

線的準備

把線從絞紗的狀態（圈圈的狀態）處理成小捲狀態的話，要用的時候才能根據圖案剪出喜歡的長度，不會造成浪費。

1 把標籤拿掉。

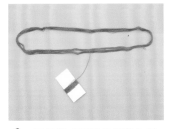

2 把絞紗（圈圈的狀態）鬆開，剪出1條，纏繞在厚紙板或繞線板上。把絞線的圈圈套在手腕上，兩人一起作業的話會更好處理。

3 纏完之後，在厚紙板的某處劃出一道切口，把線尾夾住。

在布上描繪圖案　配合圖案，以容易操作的方式正確地描繪。

把圖案直接描繪在布上

1　利用方格尺，以水消型粉土筆畫出引導線。

2　以水消型粉土筆描繪圖案線。圓形等曲線部分，可利用厚紙板製作的紙型來描繪線條。

3　畫好圖案的樣子。

One Point

引導線太細密，和圖案線產生混淆的情況等等，不容易分辨出刺繡線的時候，只要用消去筆或沾了水的棉花棒把用不到的線擦掉，就會變得簡單好繡。

用粉土紙把實物大圖案複印上去

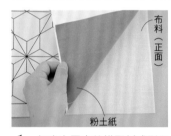

布料（正面）

粉土紙

圖案是曲線的情況

1　把畫上圖案的描圖紙或影印下來的圖案重疊在布上。把圖案固定好，在當中夾入粉土面朝下的粉土紙，再把玻璃紙重疊在圖案之上。

2　在玻璃紙的上面用鐵筆描摹圖案、複印至布上。直線的圖案要用直尺輔助，盡量畫出正確的線條。

3　確認過全部畫好、沒有遺漏之後，把圖案拿掉。

曲線部分若能依照圖案用厚紙板做出紙型的話，描繪起來會更加順暢方便。

把布重疊在實物大圖案上來描繪　使用白色或淺色的薄布，能穿透布料看到下方圖案時的便利方法。

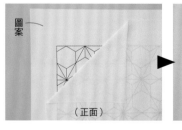

圖案

（正面）

把布重疊在圖案上，以水消型粉土筆來描繪。和使用粉土紙複印的情況一樣，直線的圖案要用直尺輔助，畫出正確的線條。曲線的圖案要用厚紙板製作紙型來描繪。

刺繡方法

穿線的方法

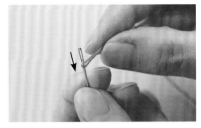

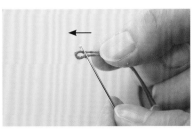

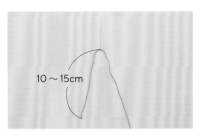

1　用線將針夾住,把線對折之後拉緊,以拿針的手一面把線繃緊一面把針向下抽出。

2　把線的對折點壓進針孔裡,讓線穿過。

3　線穿過之後,在10～15cm的位置往反方向折回。

線長的估算

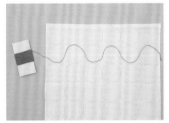

線長是以刺繡線條的2倍長度＋10cm為標準。事先用線沿著圖案測量一下的話,就不會造成浪費。線太長的話,除了會在刺繡的過程中起毛之外,也很容易打結。

基本的刺繡方法

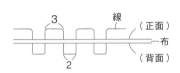

正面的針目最好比背面的針目略大一點,用「正面3:背面2」的比例來繡的話,看起來是最漂亮的。針目的大小並沒有特別的規定,依照圖案設計或布料的厚度來調節就行。不過針目太小容易起皺,針目太大又難以展現刺子繡的特色,所以要盡量在一件作品中使用同樣的針目來刺繡。

運針的方法

看著布的正面來刺繡。把針從布的正面穿出,起針是在布上挑起一針。用頂針頂住針尾,以拇指和食指夾著布的姿勢拿針。用右手的拇指和中指控制針的動作,同時以左手上下移動布料,讓針頭以直角的角度穿出,繡出大小一致的針目。盡量一口氣多繡幾個針目,線條才不容易歪掉。

把線順直

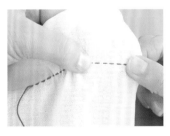

把線順直指的是,在刺繡之後皺縮的布上用手指把針目平均地撫平拉直,藉以消除布料的扭曲或鬆弛的動作。從起點的一端開始,用指腹順著針目一針針拉直。若用指甲刮的話會造成繡線或布料受損,一定要小心留意。

頂針的用法

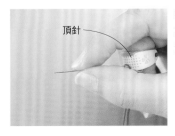

把頂針套在慣用手中指的第一關節和第二關節之間,針尾抵住頂針的凹洞,用拇指和食指控制針的動作。

在厚布上刺繡或使用長針的時候,要搭配附鐵片皮頂針才方便。套在慣用手中指的第二關節下方,用拇指和中指來控制針的動作。

刺繡起點和刺繡終點

線尾結和固定結的打法　用於加裝內袋等的袋類作品。

線尾結

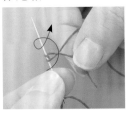  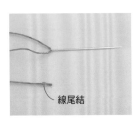

線尾結

固定結

 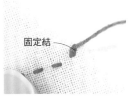

固定結

1　把線尾擺在穿了線的針頭下方，用拇指和食指夾住，在針上繞線1～2圈。

2　用拇指和食指壓住繞好的線，把針抽出。在針尾處先停頓一下，再繼續抽拔至線尾處為止。

3　把整條線抽出之後，線尾結就打好了。在靠近結扣的位置把末端的線剪掉。

1　在最後的抽針位置把針擺好，用食指和拇指把針壓住，在針上繞線1～2圈。

2　把針朝著上方抽出之後，固定結就打好了。在靠近結扣的位置把末端的線剪掉。

在布巾上刺繡的情況　由於用綿紗布做的布巾是折疊成2層來製作的，因此線尾結和固定結都會落在2片布之間。

刺繡起點

 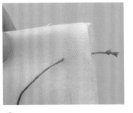

刺繡終點

 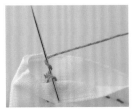 

1　在線尾打結，從2片布之間把針穿出至刺繡位置。

2　把線尾結拉到2片布之間。

1　把針穿入至2片布之間。

2　在刺繡終點把針擺好，在針上繞線1～2圈。壓住繞線的位置之後把針抽出，完成固定結。

3　在結扣的邊緣把線剪斷。

針目的重疊方法　在刺繡起點和刺繡終點都要做回針繡。

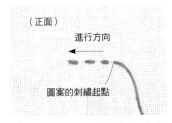

（正面）
進行方向
圖案的刺繡起點

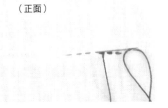

（正面）

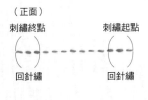

（正面）
刺繡終點　　刺繡起點
回針繡　　　回針繡

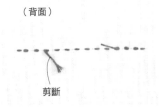

（背面）
剪斷

1　在圖案的刺繡起點的3個針目前入針，往回刺繡3個針目，在正面把線拉出。這個時候，露出於正面的3目，要繡得比實際的針目略小一點才會好看。

2　在先前繡好的3目上重疊刺繡，接著再依照進行方向繼續刺繡。

3　刺繡終點是在背面把線拉出，從背面以挑起織目、不露出於正面的方式做回針繡，往回刺繡3目。

4　線尾保留約0.2cm，其餘的剪掉（若是貼著織布剪掉的話，很可能會讓線尾跑到正面，要注意）。

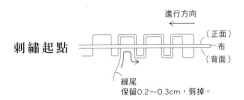

刺繡起點

進行方向
（正面）
布
（背面）
線尾
保留0.2～0.3cm，剪掉。

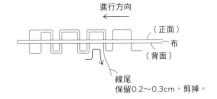

刺繡終點

進行方向
（正面）
布
（背面）
線尾
保留0.2～0.3cm，剪掉。

接線的方法

用 1 片來刺繡，不加內袋等等的情況

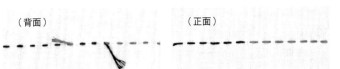

（背面）　　　　　　　　（正面）

不打線尾結，在依照進行方向繡好的針目上重疊3目左右，刺繡前進。重疊時為了避免讓正面的針腳叉開，必須從背面以挑起織目的方式刺繡。

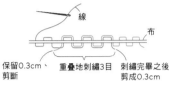

線

布

保留0.3cm、剪斷　　重疊地刺繡3目　　刺繡完畢之後剪成0.3cm

用 1 片來刺繡，有加內袋的情況

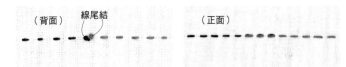

（背面）　線尾結　　　　（正面）

在刺繡起點和刺繡終點同樣地打上線尾結來連接。

刺繡方法提要

曲線的刺繡方法

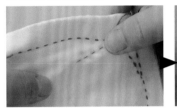

弧度不明顯的情況，要以盡量拉直刺繡線條的方式來刺繡。弧度明顯的情況則是每刺繡2～3目之後就把針抽出、順直線條，同時也要留意避免將布料拉長。

直角的修飾

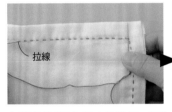

拉線

在轉角的1目入針之後拉線。因為保有容得下1根針的鬆弛度，所以角度不會受到拉扯，能夠漂亮地呈現出來。

繡出漂亮成品的方法

刺繡時只要依照下列重點來調整針目，成品看起來就會很漂亮。為了確實做出稜角，在交會點要留下空白，不要讓線條重疊。

T 字的刺繡方法

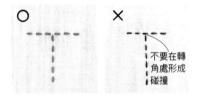

○　　　　×

不要在轉角處形成碰撞

轉角處要留下空白，不要讓線條互相碰撞。

轉角的刺繡方法

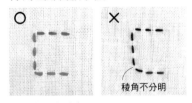

○　　　　×

稜角不分明

要確實做出稜角。

十字的刺繡方法

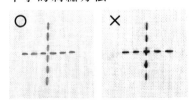

○　　　　×

中心點要留下空白，不要互相交錯。

放射狀的刺繡方法

交會部分是不在中心點互相交錯，而是像畫圓一樣留下空白來刺繡。

最後潤飾

刺繡完畢之後要用水把消失筆或粉土紙所描繪的圖案擦掉，再用熨斗燙過。在布的正面噴上水霧擦拭（或是用水手洗）之後晾乾。小心別把繡線壓扁，從布的背面或作品的後側用熨斗以懸浮的感覺熨燙並調整形狀。

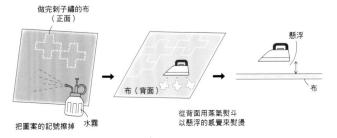

做完刺子繡的布（正面）

懸浮

布

把圖案的記號擦掉　水霧

布（背面）

從背面用蒸氣熨斗以懸浮的感覺來熨燙

× 材料 ×
表布 OLYMPUS一目刺子繡用 附標記漂白棉紗布
　　　5mm點陣方格（H-1021）
線 OLYMPUS刺子繡線〈細〉#210
手縫線 白

OLYMPUS一目刺子繡用 附標記漂白棉紗布
5mm點陣方格（H-1021）
印有5mm間隔的圓點。用水洗過之後，印刷標記就會消
失。圓點是一目刺子繡用的引導標記。

× 圖紙 ×

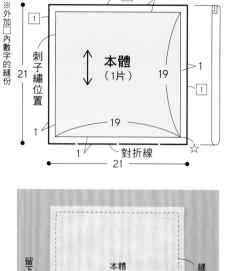

※外加□內數字的縫份

刺子繡位置

21

本體
（1片）

19

19

1

21

對折線

1 縫製布巾 ※為求容易理解，所以使用和實物不同顏色的線。

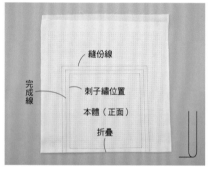

縫份線
刺子繡位置
本體（正面）
完成線
折疊

1　把布折疊好，畫出刺子繡位置、完成
　　線、縫份線。

本體（正面）

2　2片重疊起來，沿著縫份線把布料裁剪
　　好。

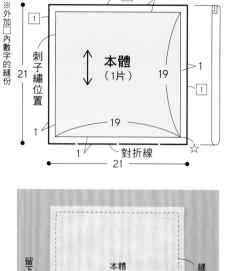

本體（背面）
留下7cm不縫作為返口
縫合
折疊

3　把本體正面對正面對折起來，用手縫
　　線將周圍縫合。留下7cm不縫作為返
　　口。

翻回正面
本體（正面）
縫合返口

4　從返口翻回正面，調整好形狀之後，以
　　藏針縫將返口縫合。

2 畫出方格線

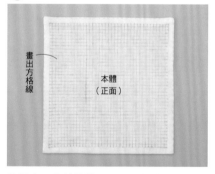

畫出方格線
本體（正面）

使用素面布料的情況，要先把方格線畫出
來。

3 做刺子繡

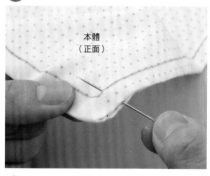

本體（正面）

1　從縫合的針目之間把固定結拉到內側。

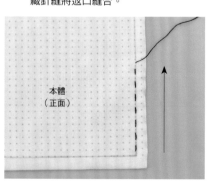

本體（正面）

2　參照圖案，做縱向的線條刺繡。

本體（正面）

3　完成第1排的線條刺繡之後，把線順直
　　2～3次。（參照第31頁）

本體（正面）

4　完成第1排的線條刺繡的樣子。

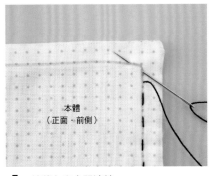

5 　接著在布之間渡線。

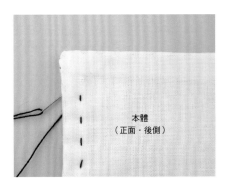

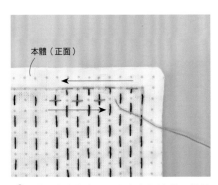

6 　依照刺繡方向繡出第2排的線條。

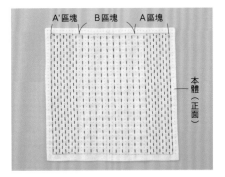

7 　B區塊、A'區塊也同樣做線條刺繡。

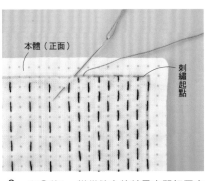

8 　和❸的1一樣從縫合的針目之間把固定結拉到內側。參照圖案，做橫向的線條刺繡。

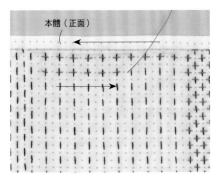

9 　第1排繡完之後，在布之間渡線，繼續繡第2排。

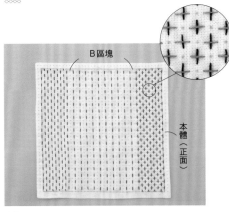

10 　重複8、9，完成A區塊的橫向線條刺繡的樣子。接著再刺繡B區塊。

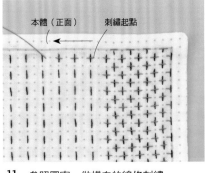

11 　參照圖案，做橫向的線條刺繡。

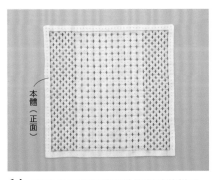

12 　接著在布之間渡線，繼續做第2排的線條刺繡。

❺ 完 成

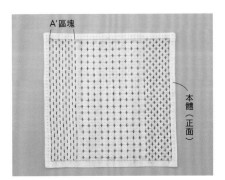

13 　重複11、12，完成B區塊的線條刺繡的樣子。接著再參照8～9，以同樣方式刺繡A'區塊。

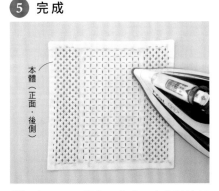

14 　完成A'區塊的橫向線條刺繡的樣子。圖案全部刺繡完畢。

15 　進行最後潤飾，完成。（參照第33頁）

　・把圖紙的☆和實物大圖案的☆對齊來描繪，然後再移動圖案將整體描繪完成。
　　　　　　　　　　　　　　・使用1股的刺子繡線。
　　　　　　　　　　　　　　・刺繡方法的圖片解說參照第34頁。

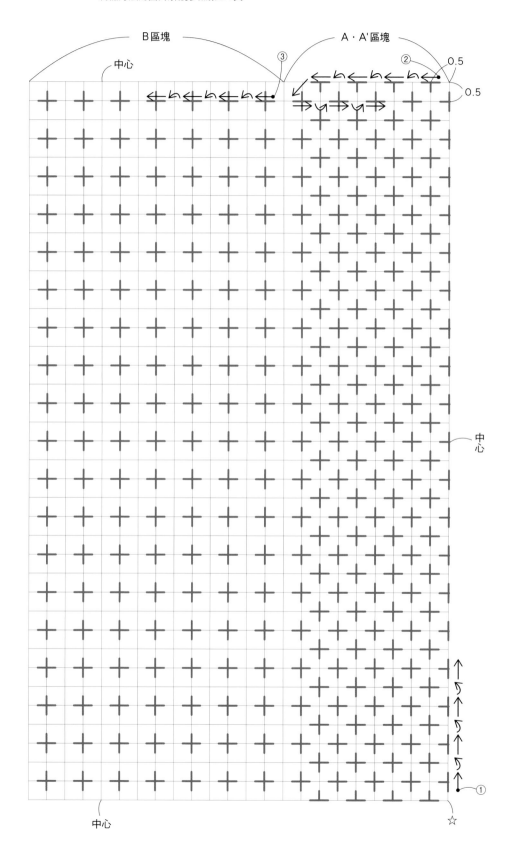

第4頁 2 實物大圖案

· 把圖紙的☆和實物大圖案的☆對齊來描繪，然後再移動圖案將整體描繪完成。
· 使用 1 股的刺子繡線。
· 刺繡方法的圖片解說參照第38頁。

刺繡順序的重點流程

<<<　一目繡的刺繡方法　>>> 一目繡是針目大小有一定的長度,一邊以一個針目來表現的刺繡方法。
由於針目會比一般的刺繡針腳來得長,所以建議用長一點的針來繡。

第4頁 2

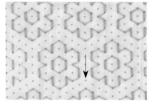

1　做縱向的線條刺繡。

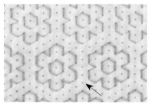

2　做斜向的線條刺繡。

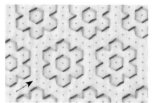

3　以做斜向的線條刺繡方式
　完成剩下的線條。

<<<　穿線繡的刺繡方法　>>> 穿線繡是在繡好的線條或十字的針目上,用別的線穿梭做出花樣的刺繡方法。

第19頁 21 · 22

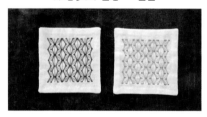

╳　線的穿梭方法　╳

用針尾的一端來穿過針目。拉線時要小心,不
要太用力,以免把繡好的針目拉扯變形。同時
也要小心別讓針頭刺到手指。

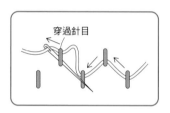

穿過針目

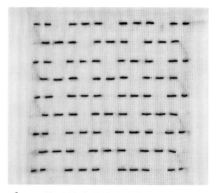

1　用第1種顏色的線繡出線條。

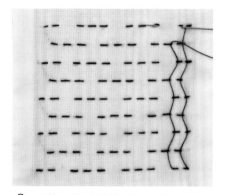

2　用第2種顏色的線,參照圖案,在針目
　上穿梭做出鋸齒花樣。

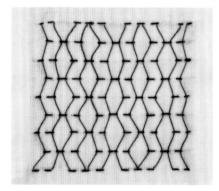

3　穿梭完畢的樣子。

① ② ③

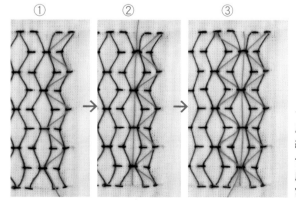

4
用第3種顏色的
線,參照圖案,
依照①～③的順
序在針目上用線
穿梭。

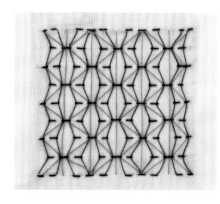

5
全部穿梭完畢
的樣子。

38

第25頁 27

1 刺繡橫向的上半圓。

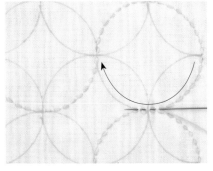

2 接著再依照箭頭方向刺繡下半圓。

POINT

在線條重疊處要空下1目。

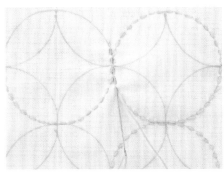

3 重複1～2，把橫向的半圓整排繡好。

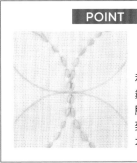

4 接著把剩下的半圓繡好。

POINT

相鄰的刺繡針腳要整齊一致，看起來才會漂亮。

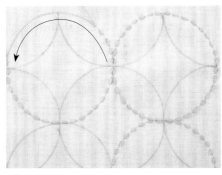

5 刺繡下方的半圓，整個圓繡好的樣子。

POINT

和4一樣，相鄰的刺繡針腳要整齊一致，看起來才會漂亮。

6 接著再重複1～2，把橫向的半圓整排繡好。

7 完成橫向的圓的樣子。

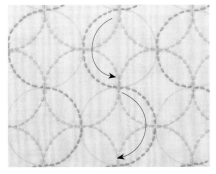

8 和橫向的圓一樣，把縱向的圓繡好。

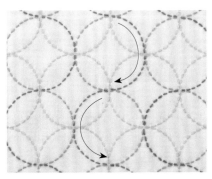

9 接著用同樣方式把剩下的半圓繡好。完成整排縱向的圓的樣子。

╳ 材料 ╳

表布　OLYMPUS一目刺子繡用 附標記漂白棉紗布（H-1021）
線　OLYMPUS刺子繡線〈細〉#205 #206 #207 #209 #213 #214 #215 #216 #217

實物大圖案 第41～42頁

╳ 圖紙 ╳　※外加□內數字的縫份。

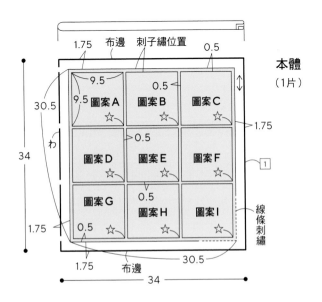

╳ 作法 ╳

1 縫製布巾

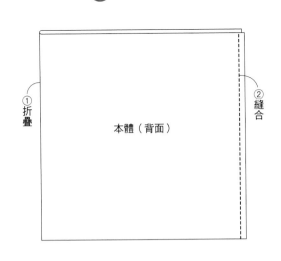

2 做線條刺繡

3 做刺子繡，完成

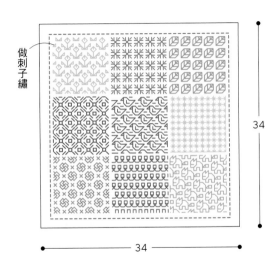

·把圖紙的☆和實物大圖案的☆對齊來描繪，然後再移動圖案將整體描繪完成。
·使用1股的刺子繡線。

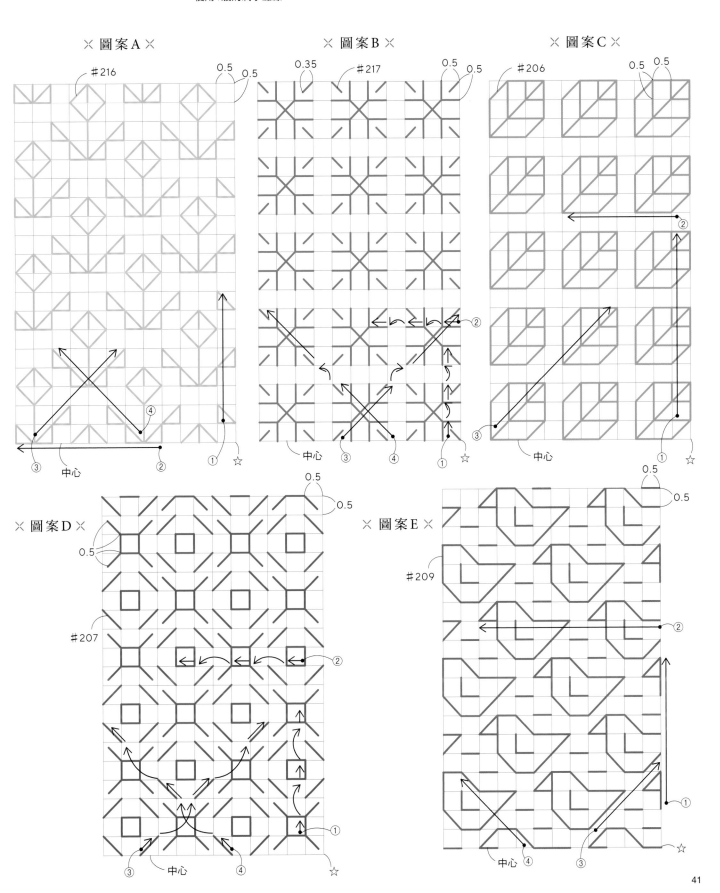

✕ 圖案F ✕

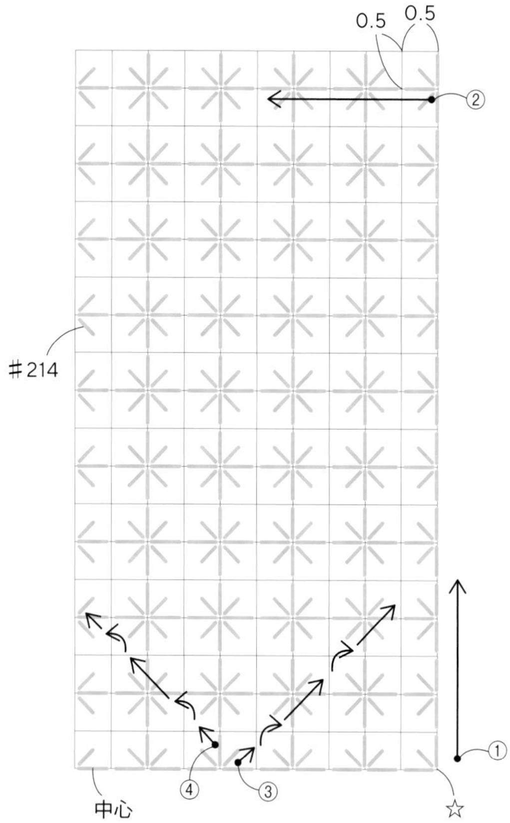

0.5　0.5

②

＃214

中心　④　③　☆　①

✕ 圖案G ✕

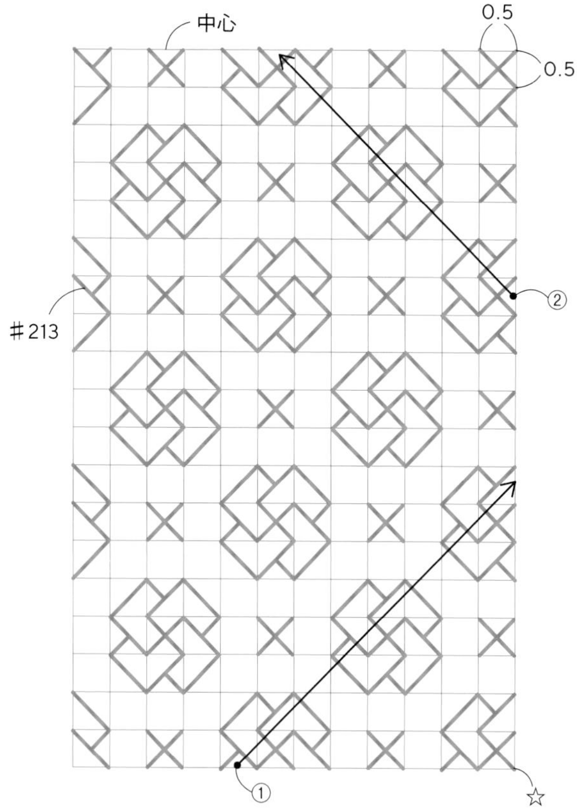

中心　0.5

0.5

＃213

②

①　☆

✕ 圖案H ✕

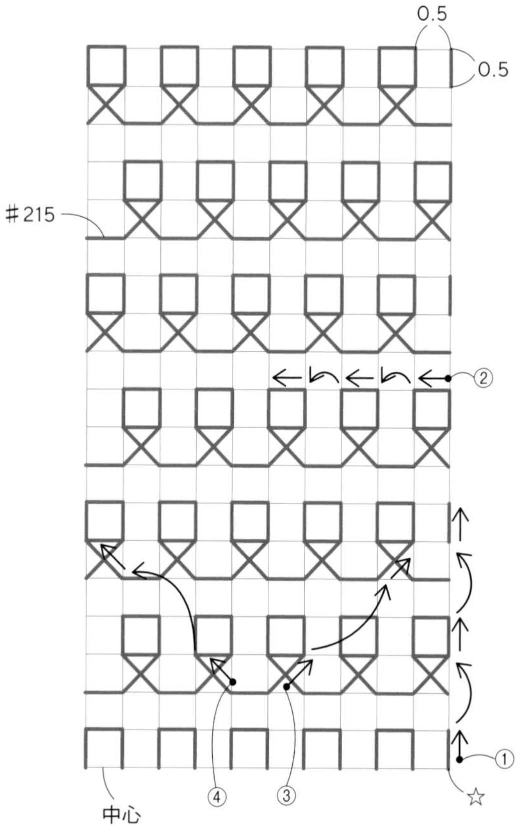

0.5

0.5

＃215

②

中心　④　③　☆　①

✕ 圖案I ✕

②　0.5　0.5

＃205

①

④　中心　③　☆

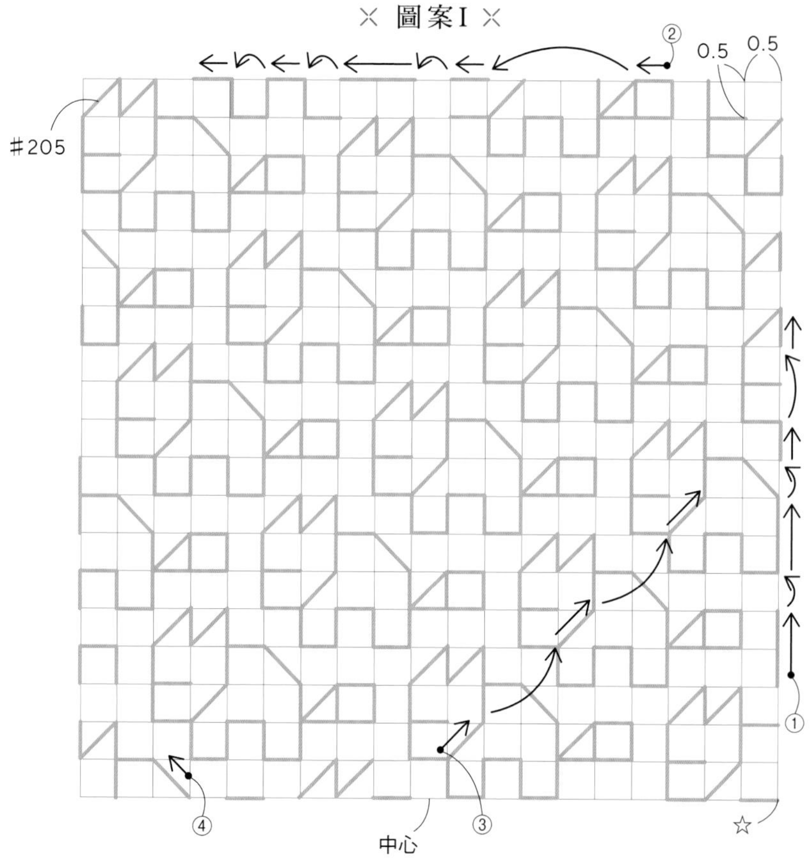

× 材料 ×

表布　OLYMPUS製絲 漂白棉紗布（H-1000）
21線　OLYMPUS刺子繡線〈細〉#209 #210 #211
22線　OLYMPUS刺子繡線〈細〉#204 #212 #216

× 作法 ×

1 製作本體

留下4cm不縫
作為返口

縫合

本體
（背面）

本體
（正面）

②縫合返口

①從返口
翻回正面

本體
（正面）

2 做刺子繡，完成

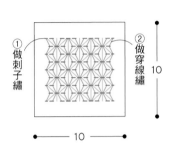

①做刺子繡

②做穿線繡

10

10

第19頁21・22 實物大圖案・紙型

・把布的中心和實物大圖案的中心對齊。
・使用1股的刺子繡線。
・外加□內數字的縫份。
・刺繡方法的圖片解說參照第38頁。

本體
（2片）

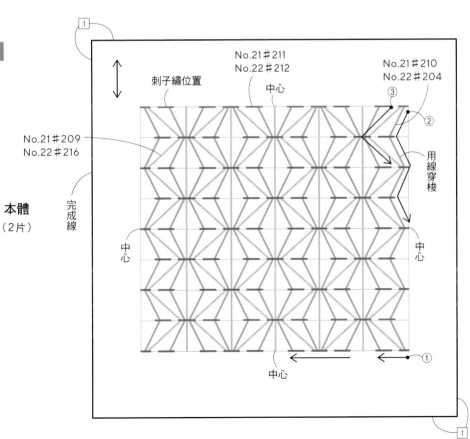

No.21#211
No.22#212

中心

No.21#210
No.22#204

刺子繡位置

No.21#209
No.22#216

完成線

中心

中心

用線穿梭

中心

※ 材料 ※

表布　OLYMPUS一目刺子繡用 附標記漂白棉紗布（H-1021）
線　OLYMPUS刺子繡線〈細〉#205 #207 #208 #219

實物大圖案 第45頁

※ 圖 紙 ※　※外加□內數字的縫份。

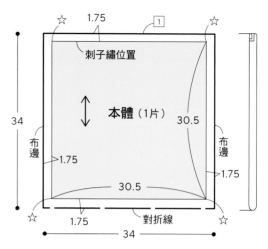

※ 作法 ※

1 製 作 本 體

2 做 刺 子 繡

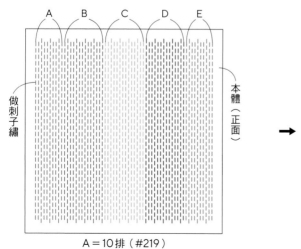

A＝10排（#219）
B＝14排（#208）
C＝14排（#205）
D＝14排（#207）
E＝10排（#219）

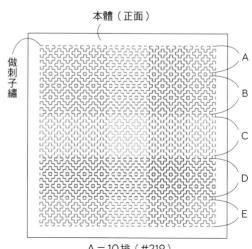

A＝10排（#219）
B＝14排（#208）
C＝14排（#205）
D＝14排（#207）
E＝10排（#219）

③ 做穿線繡

在線條刺繡的針目上用線穿梭
（#219）

本體（正面）

④ 完成

34

34

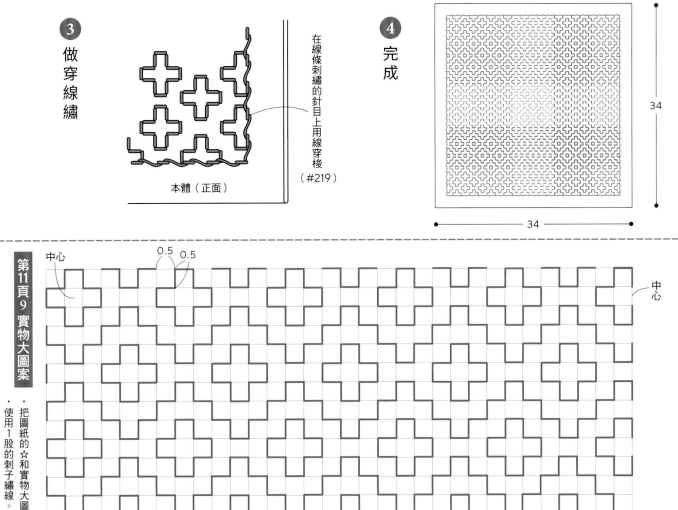

第11頁9 實物大圖案

中心

0.5　0.5

中心

- 把圖紙的☆和實物大圖案的☆對齊來描繪，然後再移動圖案將整體描繪完成。
- 使用1股的刺子繡線。

中心

①
②
☆

× 材料 ×

表布　OLYMPUS一目刺子繡用 附標記漂白棉紗布（H-1021）
線　OLYMPUS刺子繡線〈細〉#207

實物大圖案 第47頁

× 圖紙 ×　※外加□內數字的縫份。

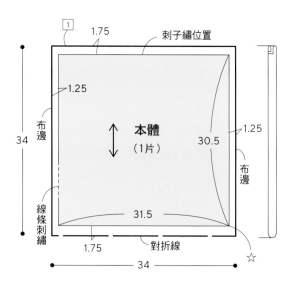

× 作法 ×

① 製作本體

② 做刺子繡，完成

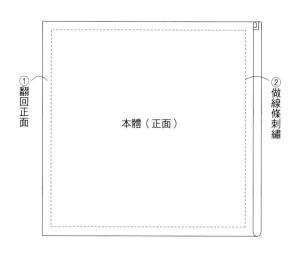

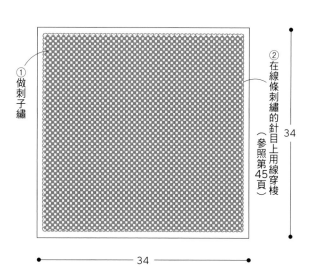

第18頁20 實物大圖案

・把圖紙的☆和實物大圖案的☆對齊來描繪，
然後再移動圖案將整體描繪完成。
・使用1股的刺子繡線。

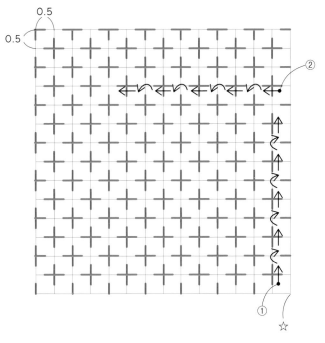

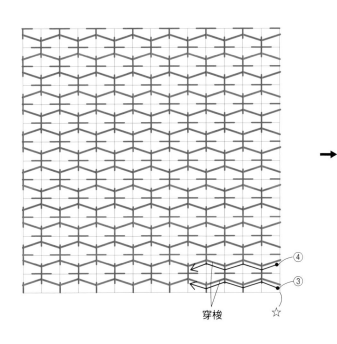

穿梭

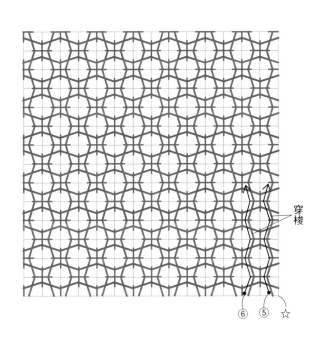

穿梭

✕ 材料（1個份）✕

表布（亞麻布）20cm寬　20cm
配色布（亞麻布）10cm寬　10cm
裡布（亞麻布）20cm寬　20cm
線　OLYMPUS刺子繡線　米白（2）

✕ 作法 ✕

1 製作裝飾布

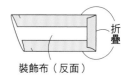

折疊

裝飾布（反面）

2 縫上裝飾布

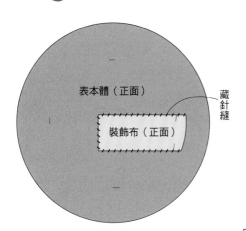

表本體（正面）

藏針縫

裝飾布（正面）

3 做刺子繡

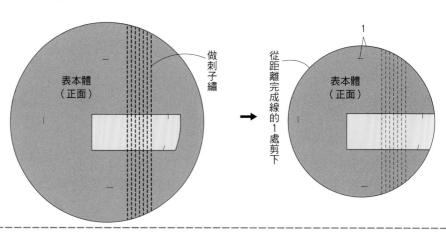

表本體
（正面）

做刺子繡

表本體（正面）

1

從距離完成線的1處剪下

4 把表本體和裡本體縫合

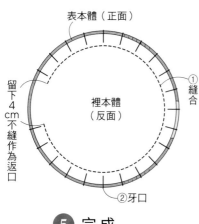

表本體（正面）

留下4cm不縫作為返口

裡本體
（反面）

①縫合

②牙口

5 完成

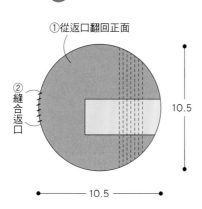

①從返口翻回正面

②縫合返口

10.5

10.5

第26頁29 · 30 實物大圖案 · 紙型

· 使用1股的刺子繡線。
· 只在表本體做刺子繡。
· 外加□內數字的縫份。
· 先刺繡至縫份部分為止。等刺繡完畢、縮小之後再畫上完成線進行縫製。

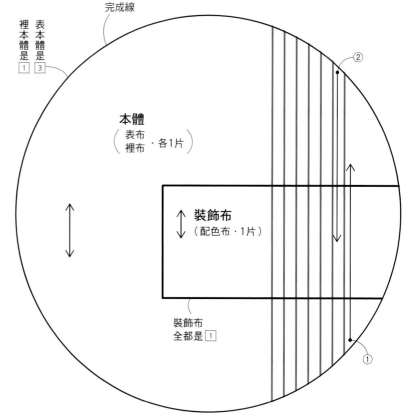

完成線

裡本體是 ①
表本體是 ③

本體
（表布
裡布 · 各1片）

裝飾布
（配色布 · 1片）

裝飾布全都是 ①

②

①

✕ 材料 ✕

表布（亞麻布）40cm寬　90cm
線　OLYMPUS刺子繡線〈細〉#207 #213
繩子　0.2cm寬　40cm
鈕扣　直徑2cm　1個

實物大圖案 第51頁

✕ 圖紙 ✕　※外加□內數字的縫份。

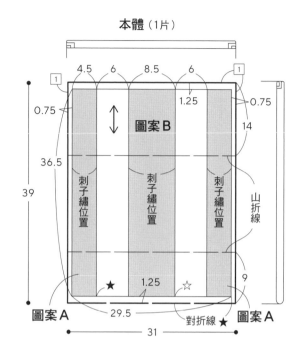

✕ 作法 ✕

1 製作本體

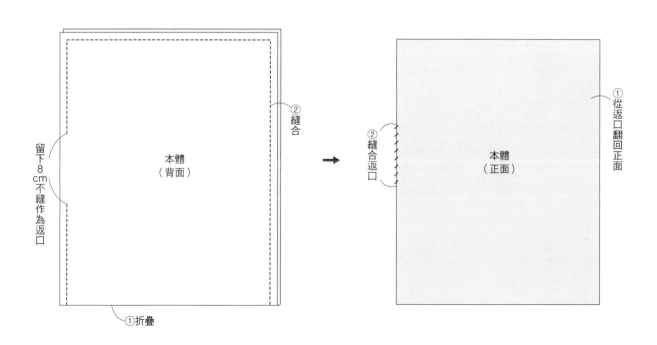

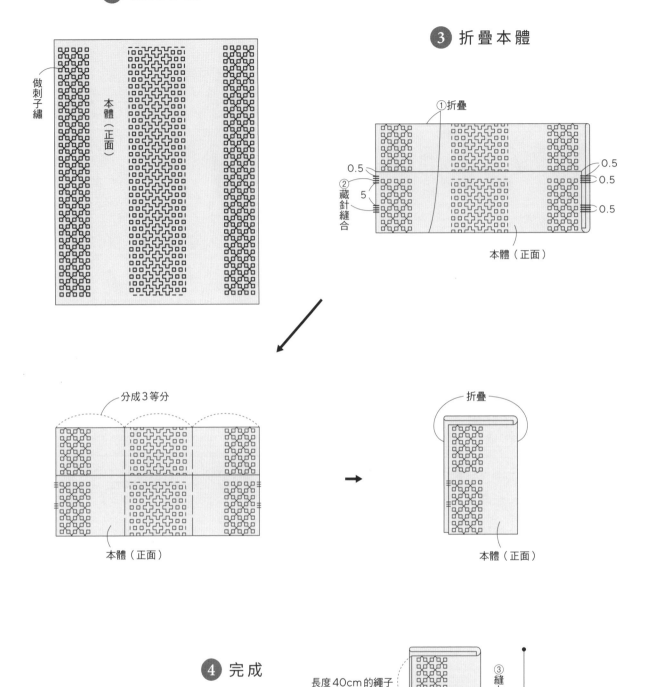

2 做刺子繡

做刺子繡

本體（正面）

3 折疊本體

①折疊

0.5

0.5
0.5

②藏針縫合

5

0.5

本體（正面）

分成3等分

本體（正面）

折疊

本體（正面）

4 完成

長度40cm的繩子

③縫上鈕扣和繩子

16

②打結　①打結

←—— 10.3 ——→

・把圖紙的☆、★和實物大圖案的☆、★對齊來描繪，然後再移動圖案將整體描繪完成。
・使用1股的刺子繡線。

× 圖案A ×   × 圖案B ×

✕ 材料 ✕

表布　OLYMPUS一目刺子繡用 附標記漂白棉紗布　點陣斜方格（H-1056）
線　OLYMPUS刺子繡線　薰衣草色（24）

實物大圖案 第37頁

✕ 圖紙 ✕　※外加□內數字的縫份。

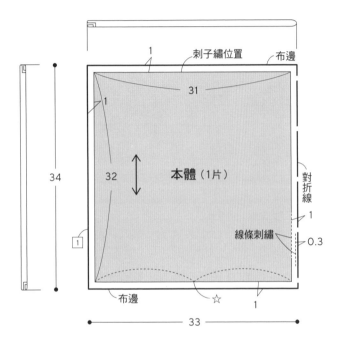

✕ 作法 ✕

① 製作本體

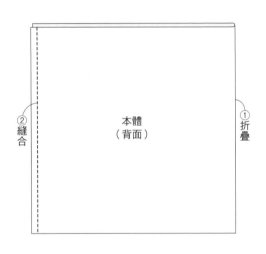

② 做刺子繡，完成

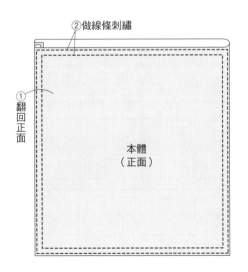

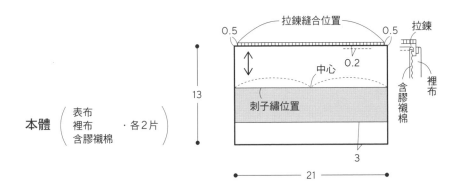

實物大圖案 第71頁　✕ 圖紙 ✕　※表前本體全都外加3cm，表後本體．裡本體全都外加1cm的縫份。
※把含膠襯棉裁剪好。

✕ 材料 ✕

表布（亞麻布）60cm寬　30cm
裡布（先染條紋布）60cm寬　20cm
含膠襯棉（薄）50cm寬　20cm
線　OLYMPUS刺子繡線　白（1）
拉鍊　20cm　1條

本體（表布　裡布　含膠襯棉 ·各2片）

✕ 作法 ✕

1 做刺子繡

2 貼上含膠襯棉

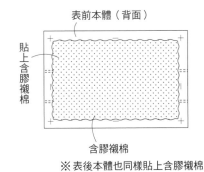

※表後本體也同樣貼上含膠襯棉

3 縫上拉鍊

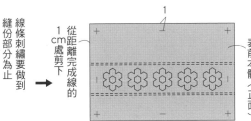

4 縫製表本體

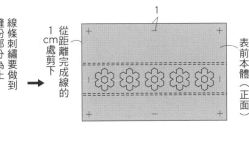

6 把表本體和裡本體縫合

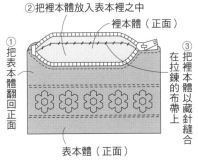

5 縫製裡本體

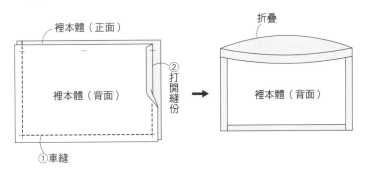

7 完成

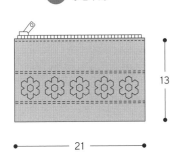

✕ 材料（1個份）✕

表布　OLYMPUS製絲　漂白棉紗布（H-1000）
4線　OLYMPUS刺子繡線〈細〉#206 #216
5線　OLYMPUS刺子繡線〈細〉#209 #221
木碗　（OLYMPUS／HC-2）　1個
手工藝用棉花　適量
手工藝用白膠

實物大圖案・紙型 第55頁

✕ 作法 ✕

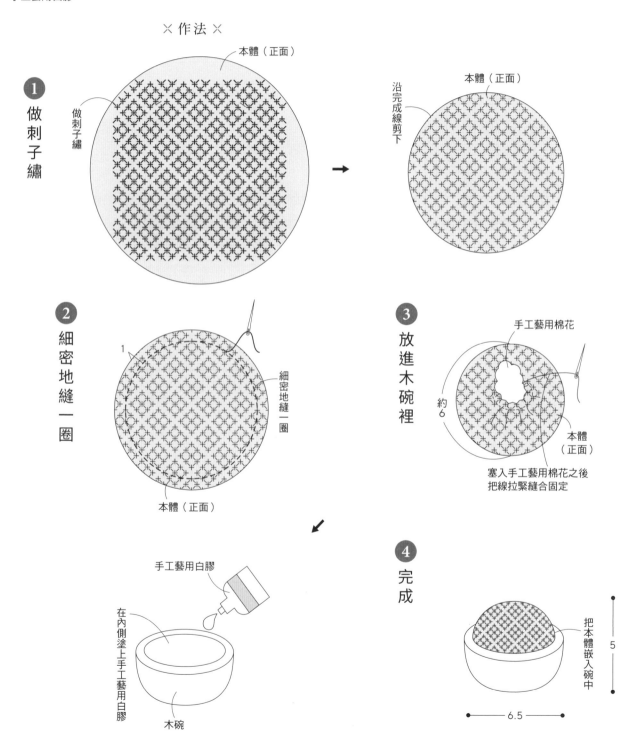

① 做刺子繡

本體（正面）

做刺子繡

本體（正面）

沿完成線剪下

② 細密地縫一圈

1

細密地縫一圈

本體（正面）

③ 放進木碗裡

手工藝用棉花

約6

本體（正面）

塞入手工藝用棉花之後
把線拉緊縫合固定

手工藝用白膠

在內側塗上手工藝用白膠

木碗

④ 完成

把本體嵌入碗中

5

6.5

・把布的中心和實物大圖案的中心對齊。
・使用1股的刺子繡線。
・外加□內數字的縫份。
・先刺繡至縫份部分為止。等刺繡完畢、縮小之後再畫上完成線進行縫製。

本體（1片）

0.5
0.5
（↕）
中心
完成線
中心
中心
中心
No.4#216
No.5#221
③
④
No.4#206
No.5#209
①
②
③

※ 材料（1個份）※

表布（亞麻布）20cm寬　20cm
裡布（亞麻布）20cm寬　20cm
6線　OLYMPUS刺子繡線〈細〉#202
7線　OLYMPUS刺子繡線〈細〉#216
含膠襯棉（薄）　20cm寬　20cm
塑膠片（0.5mm厚）　20cm寬　20cm
蛙口式口金（8.4cm寬×高度3.3cm／角田商店／F20／N）　1個
手工藝用白膠

實物大圖案・紙型 第57頁

口金的大小

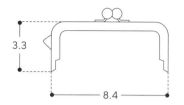

※ 作法 ※

1 做刺子繡

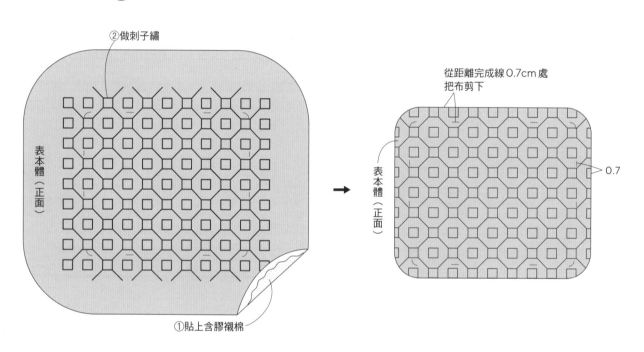

②做刺子繡

表本體（正面）

①貼上含膠襯棉

從距離完成線0.7cm處
把布剪下

表本體（正面）

0.7

2 把表本體和裡本體縫合

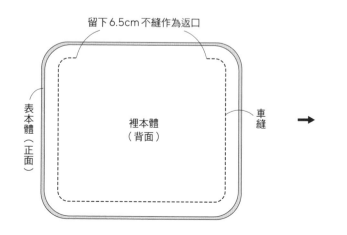

留下6.5cm不縫作為返口

表本體（正面）

裡本體（背面）

車縫

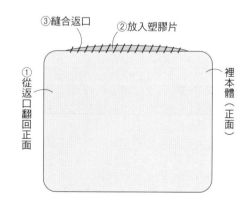

③縫合返口　　②放入塑膠片

①從返口翻回正面

裡本體（正面）

③ 安裝口金

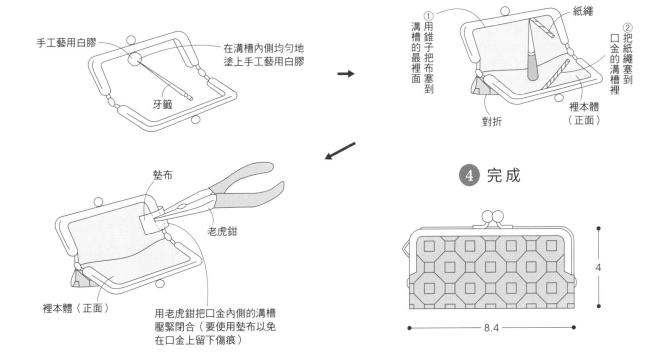

手工藝用白膠

在溝槽內側均勻地塗上手工藝用白膠

牙籤

① 用錐子把布塞到溝槽的最裡面

紙繩

② 把紙繩塞到口金的溝槽裡

對折

裡本體（正面）

墊布

老虎鉗

裡本體（正面）

用老虎鉗把口金內側的溝槽壓緊閉合（要使用墊布以免在口金上留下傷痕）

④ 完成

4

8.4

第7頁 6・7 實物大圖案・紙型

・把布的中心和實物大圖案的中心對齊。　・使用1股的刺子繡線。　・外加□內數字的縫份。
・先刺繡至縫份部分為止。等刺繡完畢、縮小之後再畫上完成線進行縫製。

本體

表布
裡布　・各1片
含膠襯棉
塑膠片

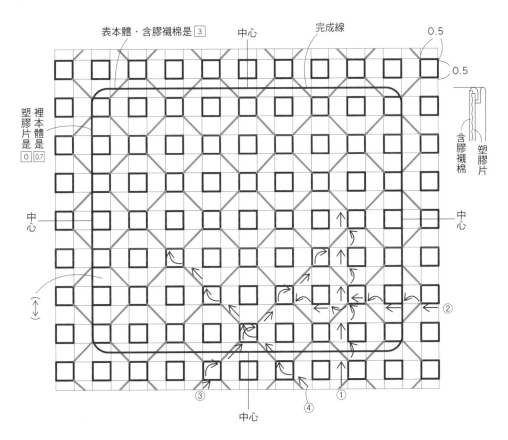

表本體・含膠襯棉是 ③

中心

完成線

0.5

0.5

裡本體是
塑膠片是 0 0.7

含膠襯棉

塑膠片

中心

中心

②

中心

③

①

④

✕ 材料（1個份）✕

10表布　OLYMPUS一目刺子繡用 附標記漂白棉紗布（H-4521）
11表布　OLYMPUS一目刺子繡用 附標記漂白棉紗布（H-1021）
10線　OLYMPUS刺子繡線〈細〉#202
11線　OLYMPUS刺子繡線〈細〉#207
隨身鏡（OLYMPUS／CN-1仿古金）　1個
接著劑

實物大圖案・紙型 第59頁

✕ 作法 ✕

1 做刺子繡

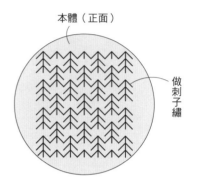

本體（正面）

做刺子繡

2 製作本體

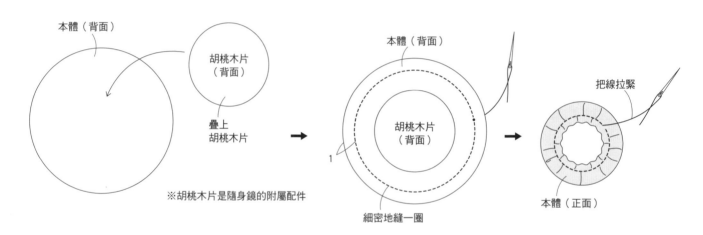

本體（背面）

胡桃木片（背面）

疊上
胡桃木片

※胡桃木片是隨身鏡的附屬配件

本體（背面）

胡桃木片
（背面）

1

細密地縫一圈

把線拉緊

本體（正面）

3 把本體安裝在隨身鏡的本體上

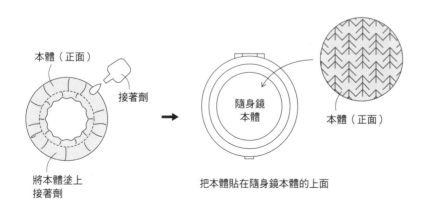

本體（正面）

接著劑

隨身鏡
本體

本體（正面）

將本體塗上
接著劑

把本體貼在隨身鏡本體的上面

4 完成

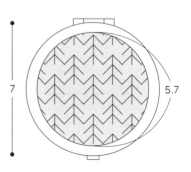

7

5.7

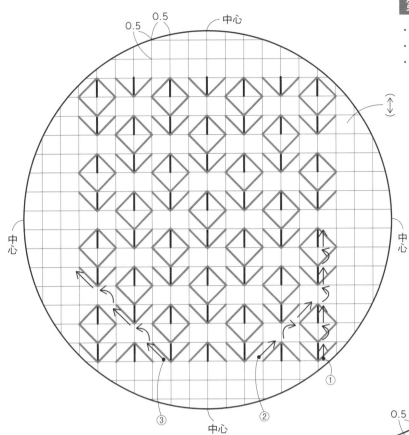

0.5
0.5
中心

・把布的中心和實物大圖案的中心對齊。
・使用1股的刺子繡線。
・把紙型全部裁剪好。

中心

中心

本體（1片）

③
②
①
中心

第12頁11 實物大圖案‧紙型

・把布的中心和實物大圖案的中心對齊。
・使用1股的刺子繡線。
・把紙型全部裁剪好。

本體（1片）

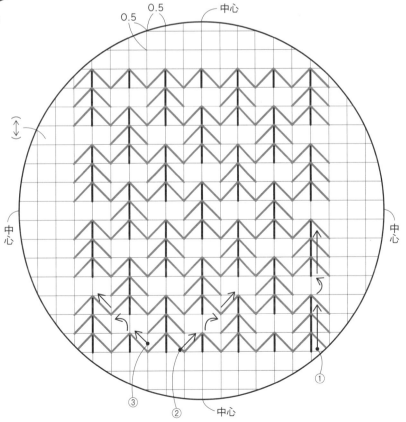

0.5
0.5
中心

中心

中心

③
②
①
中心

59

╳ 材料 ╳

表布　OLYMPUS手帕用布 附標記點陣斜方格（G-2）
線　OLYMPUS刺子繡線〈細〉#214 #221

實物大圖案・紙型 第61頁

╳ 作法 ╳

1 製 作 本 體

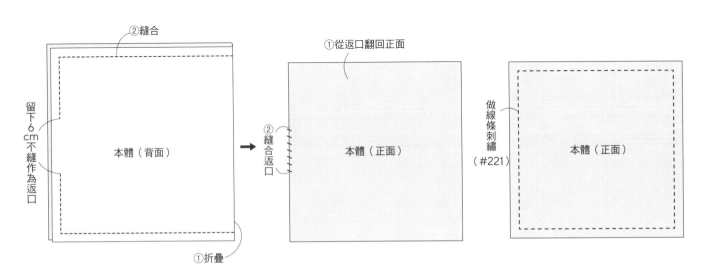

②縫合

留下6cm不縫作為返口

本體（背面）

①折疊

①從返口翻回正面

②縫合返口

本體（正面）

2 做 線 條 刺 繡

做線條刺繡（#221）

本體（正面）

3 做 刺 子 繡

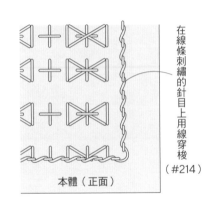

本體（正面）

做刺子繡

4 做 穿 線 繡

本體（正面）

在線條刺繡的針目上用線穿梭（#214）

5 完 成

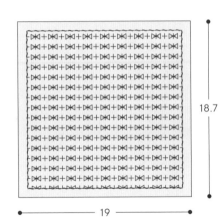

18.7

19

・把布的中心和實物大圖案的中心對齊。
・使用1股的刺子繡線。
・外加□內數字的縫份。

本體（1片）

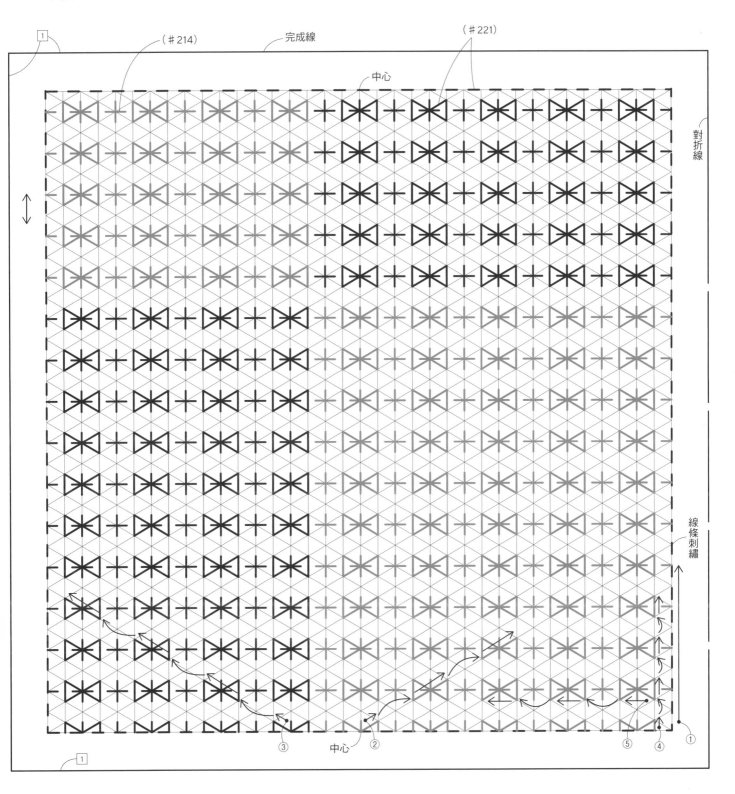

（＃214）　完成線　中心　（＃221）

對折線

線條刺繡

③　中心　②　⑤　④　①

╳ 材料 ╳

表布（亞麻布）20cm寬　20cm
線　OLYMPUS刺子繡線〈細〉#210
包釦胸針組　1組
（CLOVER／橢圓55胸針組）

╳ 作法 ╳

包釦胸針組

╳ 部位名稱 ╳	簡針
橢圓55 配件A [正面] [背面] 突起	
突起 配件B [正面] [背面]	

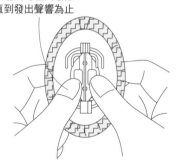

① 做刺子繡

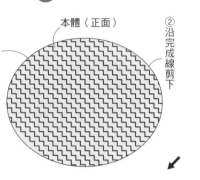

① 做刺子繡
本體（正面）
② 沿完成線剪下

把線拉緊縫合固定
本體（正面）
突起

② 把配件A包起來

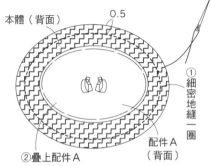

本體（背面）
0.5
① 細密地縫一圈
② 疊上配件A
配件A（背面）

③ 插入簡針

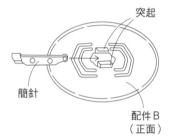

突起
簡針
配件B（正面）

④ 把配件A和配件B組合起來

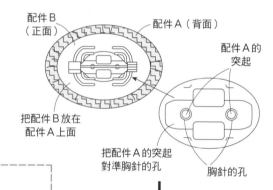

配件B（正面）
配件A（背面）
配件A的突起
把配件B放在配件A上面
把配件A的突起對準胸針的孔
胸針的孔

把配件B的2個突起同時壓到底部，直到發出聲響為止

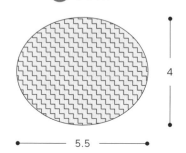

⑤ 完成

4
5.5

第14頁13 實物大圖案・紙型

・把布的中心和實物大圖案的中心對齊。
・使用1股的刺子繡線。　・外加□內數字的縫份。
・先刺繡至縫份部分為止。等刺繡完畢、縮小之後再畫上完成線進行縫製。

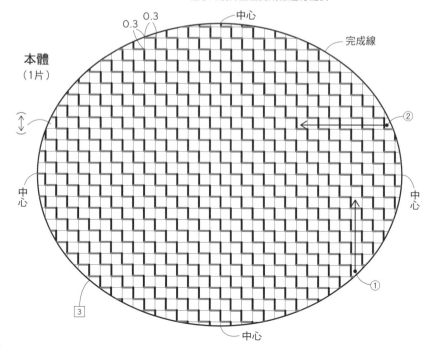

0.3　0.3
中心
完成線
本體（1片）
中心
中心
②
①
③
中心

✕ 材料（1個份）✕

表布（亞麻布）20cm寬　20cm
襯棉　10cm寬　10cm
14線　OLYMPUS刺子繡線〈細〉#212
15線　OLYMPUS刺子繡線〈細〉#202
包釦　OLYMPUS／KB-1　方形包釦　1個

✕ 作法 ✕

1 做刺子繡

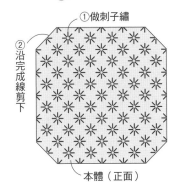

① 做刺子繡
② 沿完成線剪下
本體（正面）

2 細密地縫一圈

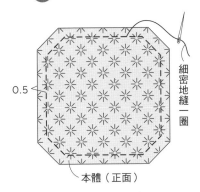

0.5
細密地縫一圈
本體（正面）

3 把襯棉和包釦重疊起來

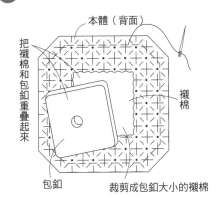

本體（背面）
把襯棉和包釦重疊起來
襯棉
包釦
裁剪成包釦大小的襯棉

4 把線拉緊，裝上墊片

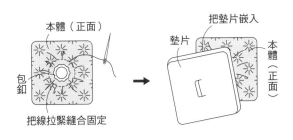

本體（正面）
包釦
把線拉緊縫合固定
把墊片嵌入
墊片
本體（正面）

5 完成

3
3

第14頁14 · 15 實物大圖案 · 紙型

・把布的中心和實物大圖案的中心對齊。
・使用1股的刺子繡線。　・外加□內數字的縫份。　・把襯棉裁剪好。
・先刺繡至縫份部分為止。等刺繡完畢、縮小之後再畫上完成線進行縫製。

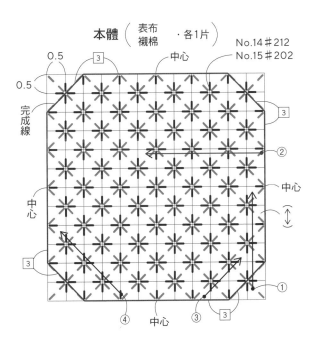

本體（表布　襯棉　·各1片）
No.14 #212
No.15 #202
0.5
3
中心
0.5
完成線
②
中心
中心
3
①
3
③
④
中心

< 第16頁17 >

實物大圖案 第65頁

╳ 圖紙 ╳ ※外加□內數字的縫份。

╳ 材料 ╳

表布（亞麻布）50cm寬　80cm
線　OLYMPUS刺子繡線　米白（2）
鈕扣　直徑2cm　2個

掛耳（1片）
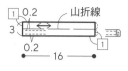

襯布（1片）

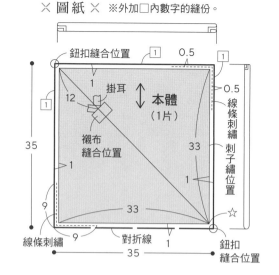

╳ 作法 ╳

1 製作本體（參照第72頁）

2 製作掛耳

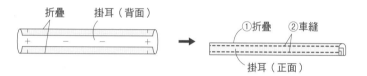

3 製作襯布

4 做刺子繡

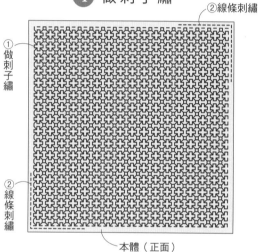

5 縫上襯布・掛耳

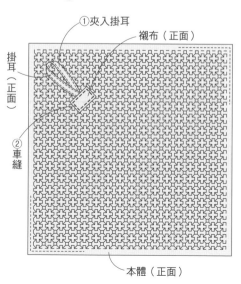

6 折疊本體

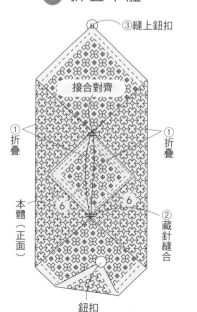

7 完成

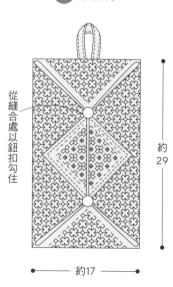

・把圖紙的☆和實物大圖案的☆對齊來描繪，然後再移動圖案將整體描繪完成。
・使用1股的刺子繡線。

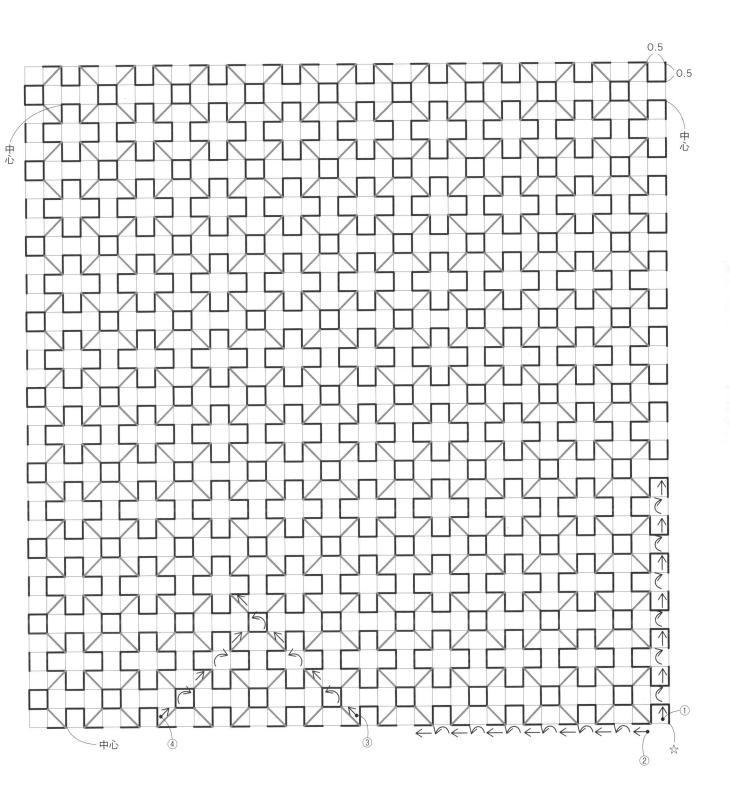

實物大圖案・紙型 第67頁

✕ 圖紙 ✕　※外加□內數字的縫份。

✕ 材料 ✕

表布（亞麻布・白）50cm寬　40cm
裡布（亞麻布・藍灰）40cm寬　30cm
線　OLYMPUS刺子繡線　藍灰（9）

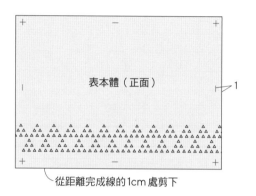

本體（表布・裡布　各1片）

刺子繡位置（只有表本體）

裡本體全都是 表本體全都是　[1] [3]

25

35　　1.8　☆

✕18作法 ✕

1 做刺子繡

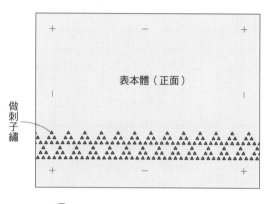

表本體（正面）

做刺子繡

表本體（正面）　1

從距離完成線的1cm處剪下

2 把表本體和裡本體縫合

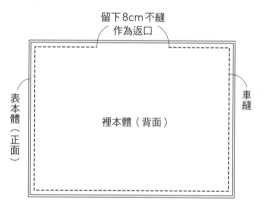

留下8cm不縫 作為返口

表本體（正面）

裡本體（背面）

車縫

3 完成

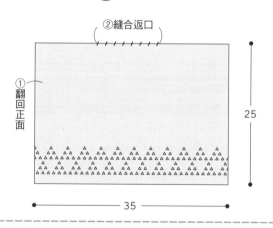

②縫合返口

①翻回正面

25

35

　✕ 材料（1個份）✕

表布（亞麻布・白）20cm寬　20cm
裡布（亞麻布・藍灰）20cm寬　20cm
線　OLYMPUS刺子繡線　藍灰（9）

實物大圖案 第67頁

✕19作法 ✕

1 做刺子繡

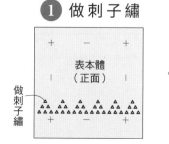

表本體（正面）

做刺子繡

表本體（正面）　1

從距離完成線的1cm處剪下

2 把表本體和裡本體縫合

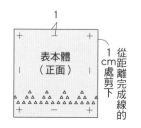

留下4cm不縫 作為返口

表本體（正面）

裡本體（背面）

車縫

3 完成

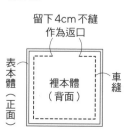

②縫合返口

①翻回正面

12.5

12.5

・把圖紙的☆和實物大圖案的☆對齊來描繪，然後再移動圖案將整體描繪完成。
・使用1股的刺子繡線。
・只在表本體做刺子繡。
・先刺繡至縫份部分為止。等刺繡完畢、縮小之後再畫上完成線進行縫製。

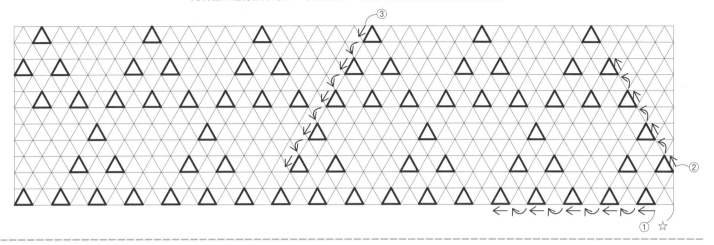

・使用1股的刺子繡線。
・只在表本體做刺子繡。
・外加□內數字的縫份。
・先刺繡至縫份部分為止。等刺繡完畢、縮小之後再畫上完成線進行縫製。

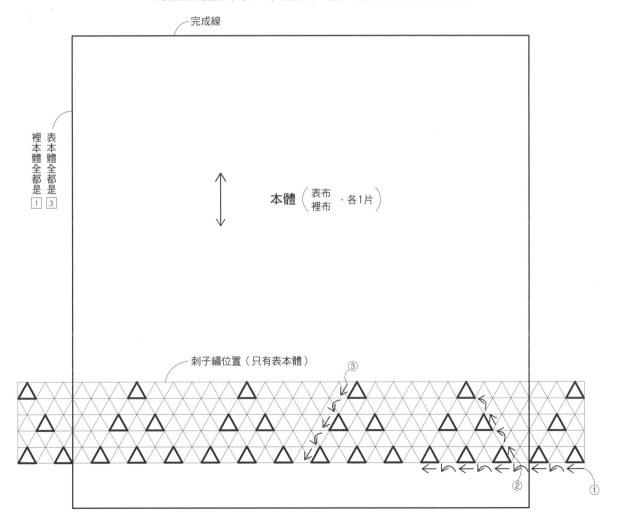

完成線

本體 (表布 裡布 ・各1片)

裡本體全都是 表本體全都是 ①③

刺子繡位置（只有表本體）

67

× 材料 ×

表布　OLYMPUS一目刺子繡用 附標記漂白棉紗布
　　　5mm點陣方格（H-4521）
線　OLYMPUS刺子繡線　灰（28）
　　OLYMPUS刺子繡線〈細〉#202 #205

表本體的實物大圖案・紙型 第69頁

× 圖紙 ×　※全部外加1cm的縫份。

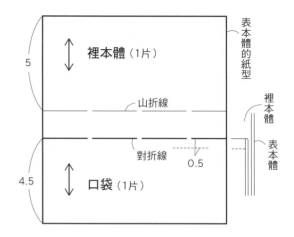

表本體的紙型

裡本體（1片）

5

山折線

對折線　　　0.5

裡本體

表本體

4.5

口袋（1片）

× 作法 ×

1 做刺子繡

做刺子繡

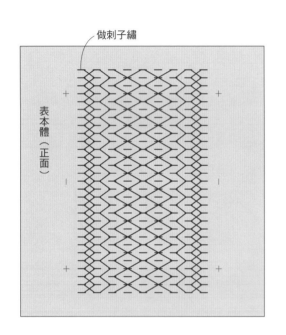

表本體（正面）

➡

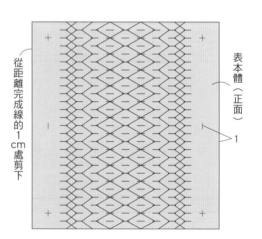

從距離完成線的1cm處剪下

表本體（正面）

1

2 製作口袋

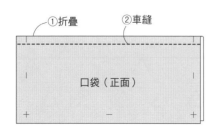

①折疊　　②車縫

口袋（正面）

3 把本體和口袋縫合

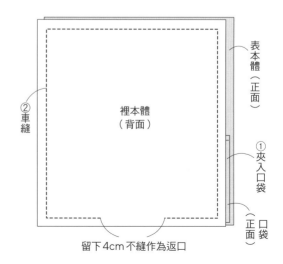

②車縫

裡本體（背面）

表本體（正面）

①夾入口袋

口袋（正面）

留下4cm不縫作為返口

4 翻回正面調整形狀

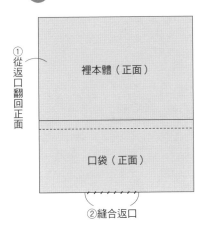

① 從返口翻回正面

裡本體（正面）

口袋（正面）

② 縫合返口

5 完成

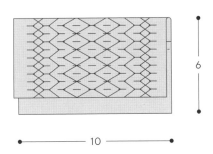

6

10

第20頁23 實物大圖案・紙型

・使用1股的刺子繡線。
・只在表本體做刺子繡。
・外加□內數字的縫份。
・先刺繡至縫份部分為止。等刺繡完畢、
　縮小之後再畫上完成線進行縫製。

表本體（1片）

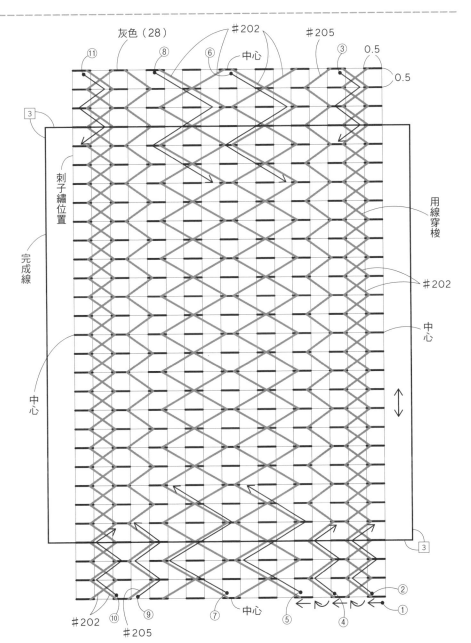

× 材料 ×

表布　OLYMPUS一目刺子繡用 附標記漂白棉紗布
　　　5mm點陣方格（H-1021）
線　OLYMPUS刺子繡線　天藍（27）
　　OLYMPUS刺子繡線〈細〉#208 #217

實物大圖案 第71頁

× 圖紙 ×　※外加□內數字的縫份。

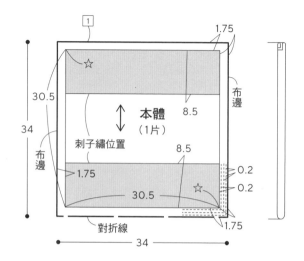

× 作法 ×

1 製作本體

2 做線條刺繡

3 完成

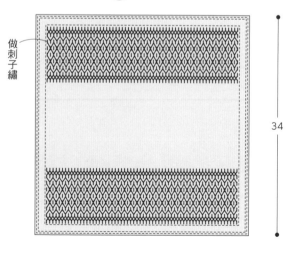

- 把圖紙的☆和實物大圖案的☆對齊來描繪,然後再移動圖案將整體描繪完成。
- 使用1股的刺子繡線。

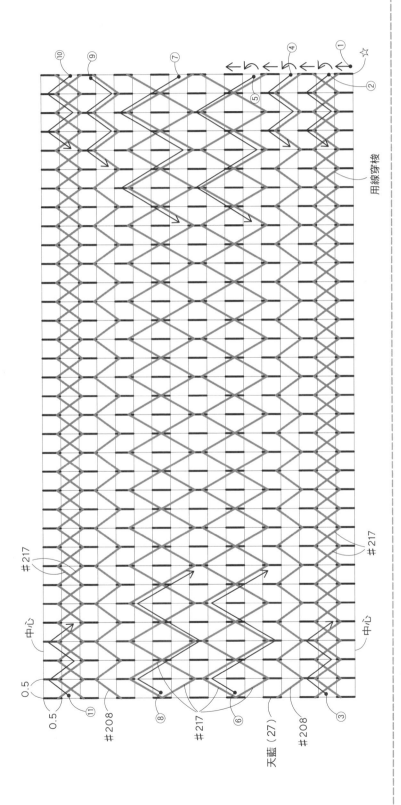

- 把布的中心和實物大圖案的中心對齊。
- 使用1股的刺子繡線。
- 只在表前本體做刺子繡。
- 刺繡方法的圖片解說參照第38頁。

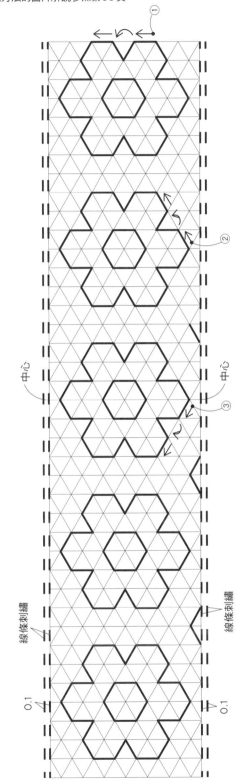

實物大圖案 第73頁

✕ 材料 ✕

表布（薄亞麻布）60cm寬　110cm
線　OLYMPUS刺子繡線〈細〉#204 #210 #214

✕ 圖紙 ✕　※外加□內數字的縫份。

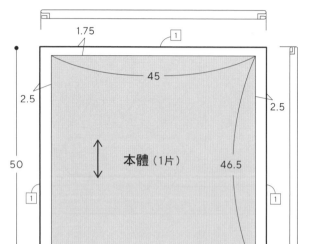

本體（1片）
1.75
45
2.5
2.5
50
46.5
1.75
50
刺子繡位置
對折線
☆

✕ 作法 ✕

① 製作本體

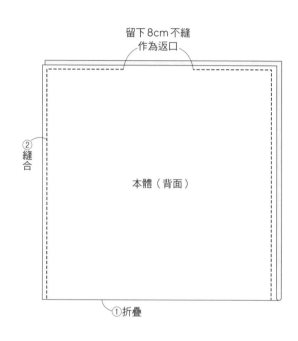

留下8cm不縫
作為返口
②縫合
本體（背面）
①折疊

②縫合返口
①翻回正面
本體（正面）

② 做刺子繡，完成

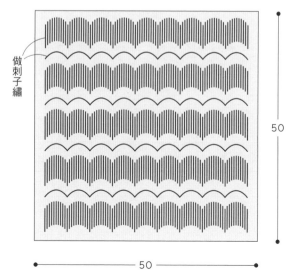

做刺子繡
50
50

第22頁25 實物大圖案 ・把圖紙的☆和實物大圖案的☆對齊來描繪，然後再移動圖案將整體描繪完成。
・使用1股的刺子繡線。

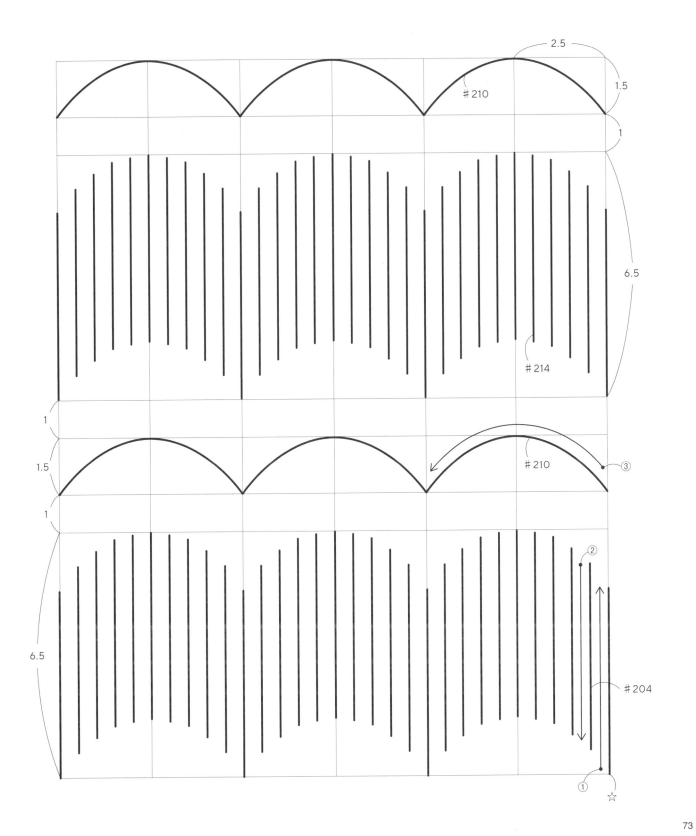

73

實物大圖案 第75頁　　　×圖紙×　※外加□內數字的縫份。

× 材 料 ×

表布（亞麻布）40cm寬　60cm
裡布（亞麻布）30cm寬　60cm
線　OLYMPUS刺子繡線〈細〉#202

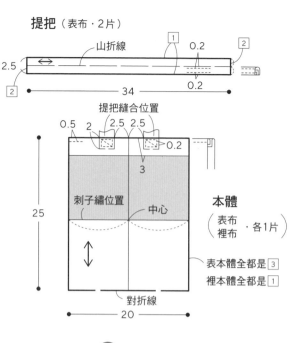

提把（表布・2片）

本體
（ 表布 ・ 各1片 ）
（ 裡布 ）

表本體全都是 3
裡本體全都是 1

× 作法 ×　①製作提把

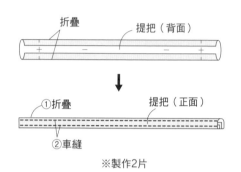

折疊　提把（背面）

①折疊　提把（正面）
②車縫

※製作2片

②做刺子繡

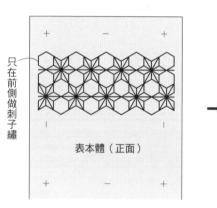

只在前側做刺子繡

表本體（正面）

從距離完成線的1cm處剪下

表本體（正面）

③製作表本體

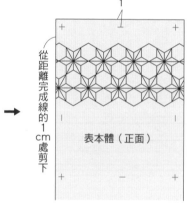

②車縫

③打開縫份

表本體（背面）

①折疊

④製作裡本體

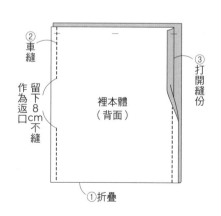

②車縫

留下8cm不縫作為返口

③打開縫份

裡本體（背面）

①折疊

⑤把表本體和裡本體縫合

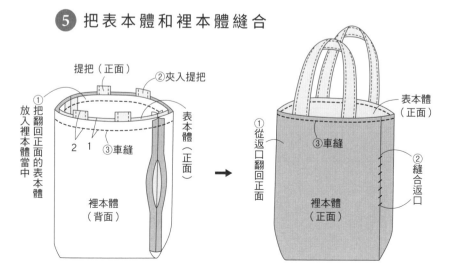

提把（正面）

②夾入提把

①把翻回正面的表本體放入裡本體當中

表本體（正面）

③車縫

裡本體（背面）

①從返口翻回正面

③車縫

表本體（正面）

②縫合返口

裡本體（正面）

・把圖紙的中心和實物大圖案的中心對齊。
・使用1股的刺子繡線。
・只在表本體做刺子繡。
・先刺繡至縫份部分為止。等刺繡完畢、
　縮小之後再畫上完成線進行縫製。

6 完成

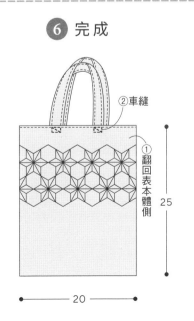

②車縫

①翻回表本體側

25

20

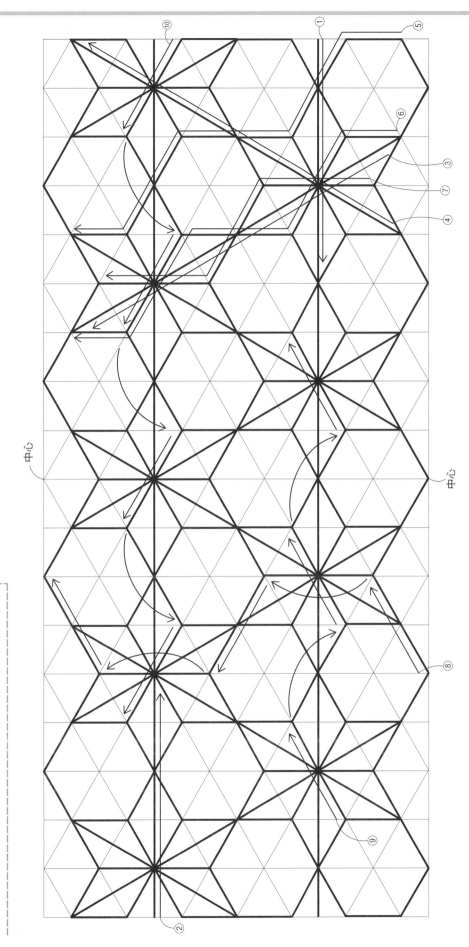

實物大圖案 第77頁

✕ 材料 ✕

表布（亞麻布・米白）50cm寬　30cm
配色布（亞麻布・米黃）50cm寬　30cm
線　OLYMPUS刺子繡線　杏桃色（25）

✕ 圖紙 ✕　※外加□內數字的縫份。

拉繩（表布・2片）

拉繩的穿法

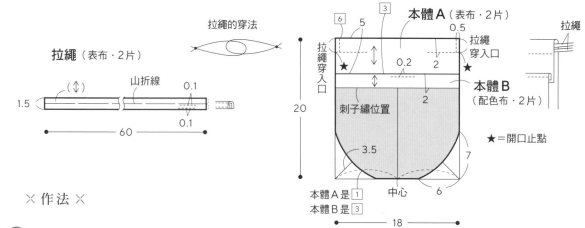

✕ 作法 ✕

1 做刺子繡

前本體B（正面）

做刺子繡 →

前本體B（正面）　從距離完成線的1cm處剪下

2 製作拉繩

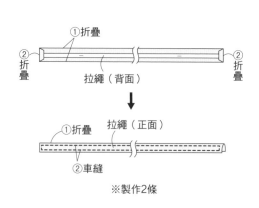

①折疊　②折疊　拉繩（背面）

①折疊　拉繩（正面）　②車縫

※製作2條

3 製作本體A

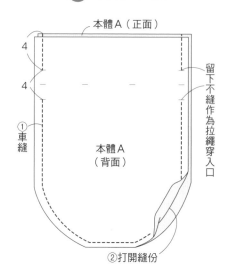

4 車縫開口止點

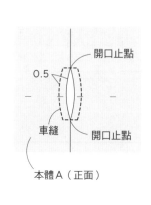

5 車縫袋口

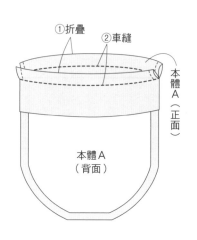

6 製作本體 B

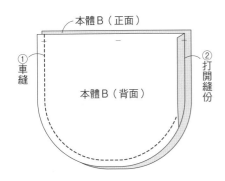

本體 B（正面）

① 車縫

本體 B（背面）

② 打開縫份

7 把本體 A・B 縫合

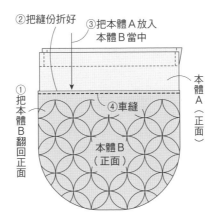

② 把縫份折好

③ 把本體 A 放入本體 B 當中

① 把本體 B 翻回正面

④ 車縫

本體 B（正面）

本體 A（正面）

8 完成

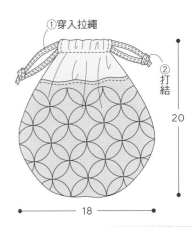

① 穿入拉繩

② 打結

20

18

第25頁27 實物大圖案

・把圖紙的中心和實物大圖案的中心對齊。
・使用1股的刺子繡線。
・只在前本體 B 做刺子繡。
・刺繡方法的圖片解說參照第39頁。
・先刺繡至縫份部分為止。等刺繡完畢、
　縮小之後再畫上完成線進行縫製。

中心

③ ④

中心

①

②

✕ 材料 ✕

表布（亞麻布・紅）30cm寬　30cm
裡布（亞麻布・米黃）20cm寬　20cm
含膠襯棉　20cm寬　20cm
線　OLYMPUS刺子繡線　白（1）
織帶　1cm寬　10cm

實物大圖案・紙型 第79頁

✕ 作法 ✕

1 做刺子繡

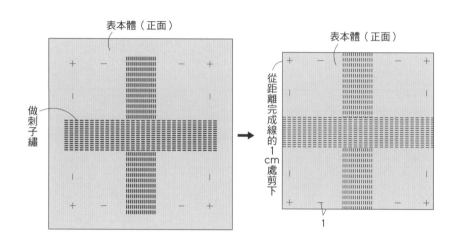

表本體（正面）

做刺子繡

表本體（正面）

從距離完成線的1cm處剪下

1

2 貼上含膠襯棉

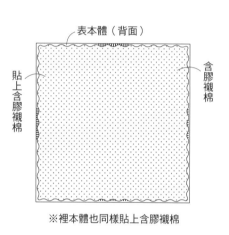

表本體（背面）

貼上含膠襯棉

含膠襯棉

※裡本體也同樣貼上含膠襯棉

3 把表本體和裡本體縫合

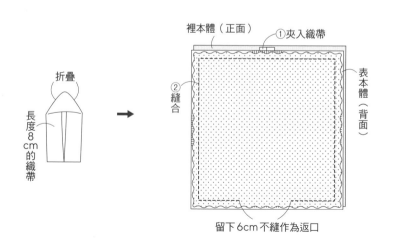

折疊

長度8cm的織帶

裡本體（正面）

①夾入織帶

②縫合

表本體（背面）

留下6cm不縫作為返口

4 完成

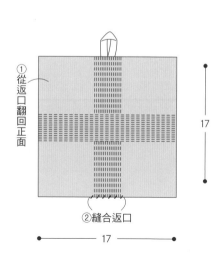

①從返口翻回正面

②縫合返口

17

17

・把布的中心和實物大圖案的中心對齊。
・使用1股的刺子繡線。
・只在表本體做刺子繡。
・外加□內數字的縫份。
・先刺繡至縫份部分為止。等刺繡完畢、縮小之後再畫上完成線進行縫製。

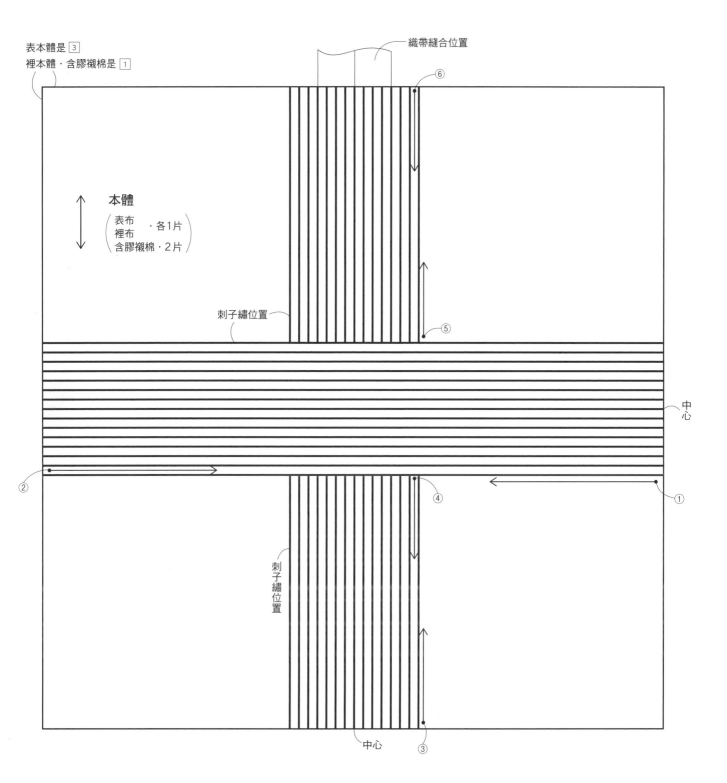

織帶縫合位置

表本體是 ③
裡本體‧含膠襯棉是 ①

本體
(表布
裡布   ‧各1片)
含膠襯棉‧2片

刺子繡位置

中心

刺子繡位置

中心

〈 開始製作之前 〉

實物大圖案

· ○中的數字和箭頭符號代表的是刺繡的順序和方向。
· 只刊載出一部分圖案的情況，請將ⓐ或中心的位置對齊，然後移動圖案來描繪。

・圖案的看法

●──→ =依照○內數字的順序，朝著箭頭指示的方向來刺繡。
①

──→⌒──→ =代表的是在背面渡線。

圖紙記號

完成線	引導線	對折裁剪	等分線・同尺寸
———	———	— — —	⌒⌒
山折線	車縫線・縫合線	布紋線	鈕扣
— ― — ―	- - - - -	←——→	○

※ 布紋線所標示的箭頭方向要和布料的直紋保持平行

車縫

・起縫和止縫

起縫和止縫的時候都要回車。
回車的意思是在同一道車縫線上
來回車縫2～3次。

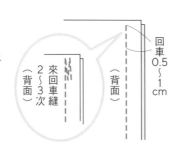

・轉角的縫法

跳過轉角的1針不縫的話，翻回正面時才能做出漂亮的角度。

車縫至轉角的前1針時，在針刺入布料的狀態下把壓布腳抬起，轉動布料。

放下壓布腳，斜斜地車縫1針。

在針刺入布料的狀態下把壓布腳抬起，轉動布料。

手縫

※ 使用和布料同色的手縫線（1股）來縫。

縫合（平針縫）

0.3～0.4cm

對針縫合（ㄇ字縫）

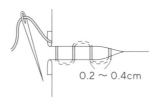

0.2～0.4cm

藏針縫合（立針縫）

含膠布襯・含膠襯棉的貼法

●含膠布襯

上了膠的黏著面（粗糙面）
布（背面）

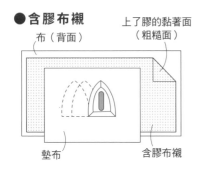

墊布　含膠布襯

把含膠布襯的黏著面對著布的背面放好。鋪上墊布，不要滑動熨斗，以垂直輕壓的方式每次重疊半個熨斗，不留空隙地全面加熱。

●含膠襯棉

含膠襯棉（上了膠的粗糙面）
布（正面）

墊布

把含膠襯棉的黏著面對著布的背面放好。在布的正面鋪上墊布，熨燙方式和含膠布襯一樣。